高等职业教育汽车类专业教材

金工基础

(第2版)

沈法鹏　王智良　主编

人民交通出版社

北京

内 容 提 要

本书为高等职业教育汽车类专业教材。全书共包括8个项目，主要包括金属材料的性能、金属的晶体结构、金属的塑性变形与再结晶、铁碳合金、金属材料的常规热处理、碳素钢与合金钢、铸铁、非铁金属及其合金。

本书主要供高职高专院校汽车类专业教学使用。

图书在版编目(CIP)数据

金工基础/沈法鹏，王智良主编. —2版. —北京：人民交通出版社股份有限公司，2024.6
ISBN 978-7-114-19491-7

Ⅰ. ①金… Ⅱ. ①沈…②王… Ⅲ. ①金属加工—高等职业教育—教材 Ⅳ. ①TG

中国国家版本馆CIP数据核字(2024)第075907号

书　　名：金工基础（第2版）
著　作　者：沈法鹏　王智良
责任编辑：李　良
责任校对：孙国靖　卢　弦
责任印制：刘高彤
出版发行：人民交通出版社
地　　址：(100011)北京市朝阳区安定门外外馆斜街3号
网　　址：http://www.ccpcl.com.cn
销售电话：(010)59757973
总 经 销：人民交通出版社发行部
经　　销：各地新华书店
印　　刷：北京市密东印刷有限公司
开　　本：787×1092　1/16
印　　张：9.5
字　　数：231千
版　　次：2020年7月　第1版
　　　　　2024年6月　第2版
印　　次：2024年6月　第2版　第1次印刷　累计第3次印刷
书　　号：ISBN 978-7-114-19491-7
定　　价：35.00元

(有印刷、装订质量问题的图书，由本社负责调换)

前言

为了深化教育领域综合改革,深入贯彻党的二十大精神,加强教材建设和管理,教材编者坚持以习近平新时代中国特色社会主义思想为指导,深刻理解和把握新时代奋斗目标明确的新任务,教材编写始终围绕教育为基、科技为要、文化为魂的原则,引导学生进行创新性思考,以便更好地推进党的二十大精神进教材、进课堂、进头脑。随着职业教育教学改革的不断深入,职业院校对课程结构、课程内容及教学模式提出了更高的要求。《教育部关于深化职业教育教学改革全面提高人才培养质量的若干意见》(教职成〔2015〕6号)中提出"对接最新职业标准、行业标准和岗位规范,紧贴岗位实际工作过程,调整课程结构,更新课程内容,深化多种模式的课程改革";《教育部关于职业院校专业人才培养方案制订与实施工作的指导意见》(教职成〔2019〕13号)中提出"坚持面向市场、服务发展、促进就业的办学方向,健全德技并修、工学结合育人机制,突出职业教育的类型特点,深化产教融合、校企合作,加快培养复合型技术技能人才"。为此,人民交通出版社根据教育部文件精神,依据教育部颁布的高等职业学校汽车类专业教学标准,组织编写了本套教材。

本套教材总结了全国众多职业与技工院校汽车类专业的教学经验,将岗位所需要的知识、技能和职业素养融入汽车专业教学中,体现了职业教育的特色。教材特点如下:

(1)"以服务发展为宗旨,以促进就业为导向",加强文化基础教育,强化技术技能培养,符合汽车专业实用人才培养的需求;

(2)教材编写符合职业院校学生的认知规律,注重知识的实际应用和对学生职业技能的训练,符合汽车类专业教学与培训的需要;

(3)教材内容注重培养学生的职业技能,与市场需求相吻合,反映了目前汽车的新知识、新技术与新工艺,便于学生毕业后适应岗位技能要求;

(4)教材内容简洁,通俗易懂,图文并茂,易于培养学生的学习兴趣,提高学习效果。

《金工基础》为汽车类及机械类专业的基础课之一。全书主要内容包括：金属材料的性能、金属的晶体结构、金属的塑性变形与再结晶、铁碳合金、金属材料的常规热处理、碳素钢与合金钢、铸铁、非铁金属及其合金，共计 8 个项目。

本书由山东交通职业学院沈法鹏、王智良担任主编。其中，沈法鹏编写了项目 1、项目 5、项目 6、项目 8，王智良编写了项目 2、项目 3、项目 4、项目 7，沈法鹏负责全书的统稿工作。

本书在编写过程中，编者参考并应用了大量文献资料，并邀请福田雷沃重工的技术专家对书稿进行了审阅。在此，对参考文献的原作者及对本书提出宝贵意见和建议的行业、企业专家表示衷心的感谢！

由于编者水平有限，书中难免出现疏漏和不足之处，敬请读者予以批评、指正。

编　者

2024 年 3 月

目录

项目1　金属材料的性能 1
 概述 1
 小结 16
 思考与练习 17

项目2　金属的晶体结构 20
 概述 20
 任务1　纯金属的晶体结构 21
 任务2　实际金属的多晶体结构 25
 任务3　合金的晶体结构 28
 任务4　金属的结晶 32
 小结 36
 思考与练习 36

项目3　金属的塑性变形与再结晶 39
 概述 39
 任务1　金属的塑性变形 40
 任务2　冷塑性变形对金属组织和性能的影响 45
 任务3　回复与再结晶 46
 任务4　金属的热塑性变形 50
 小结 51
 思考与练习 52

项目4　铁碳合金 54
 概述 54
 任务1　铁碳合金的基本组织 55
 任务2　铁碳相图 58
 小结 71
 思考与练习 71

项目5　金属材料的常规热处理 74
 概述 74

任务1	热处理	74
任务2	钢的奥氏体化	76
任务3	奥氏体的晶粒大小及其影响因素	77
任务4	钢在冷却时的组织转变	78
任务5	共析钢过冷奥氏体连续冷却转变曲线	80
任务6	钢的热处理工艺	83
小结		91
思考与练习		92

项目6　碳素钢与合金钢　94

概述		94
任务1	碳及杂质元素对碳素钢性能的影响	94
任务2	合金元素在钢中的作用	96
任务3	钢的分类与编号	99
任务4	结构钢	101
任务5	工具钢	107
任务6	特殊性能钢	111
小结		113
思考与练习		113

项目7　铸铁　116

概述		116
任务1	铸铁的石墨化和分类	116
任务2	常见铸铁的分类	119
小结		128
思考与练习		129

项目8　非铁金属及其合金　131

概述		131
任务1	铝及铝合金	131
任务2	铜及铜合金	136
任务3	钛及钛合金	140
任务4	硬质合金	141
小结		142
思考与练习		142

参考文献　145

项目 1

金属材料的性能

知识目标

1. 了解金属拉伸试验、硬度试验和冲击试验的工作原理；
2. 掌握金属材料常用力学性能指标的含义、符号及工程意义。

技能目标

1. 能够正确分析金属材料的各种性能；
2. 能够进行金属材料性能测试。

素养目标

1. 培养良好的职业道德和职业情感，提高适应职业变化的能力；
2. 培养自主创新意识，增进民族自豪感和自信心。

概　述

材料是人类用于制造物品、器件、构件、机器或其他产品的物质，是人类赖以生存的物质基础。金属材料是指具有光泽、延展性、容易导电、传热等性质的材料，一般分为黑色金属和有色金属两种。金属材料是目前汽车用材的主体，也是汽车工业中使用最为广泛的工程材料。汽车工程材料可分为金属材料和非金属材料两大类，如图 1-1 所示。

金属材料之所以在现代工业中得到广泛应用，主要是由于其在加工和使用过程中具有所需要的各种性能，金属材料的性能主要包括工艺性能和使用性能两个方面。

一　工艺性能

工艺性能是指金属材料在制造各种机械零件或工具的过程中，对各种不同加工方法的适应能力，即金属材料采用某种加工方法制成成品的难易程度。它包括铸造性能、锻造性能、焊接性能、切削加工性能、压力加工性能和热处理工艺性能等。例如，某种金属材料用铸造成型的方法，容易得到合格的铸件，则该种材料的铸造性能好。工艺性能直接影响零件的制造工艺和质量，也是选材和制订零件加工工艺路线时必须考虑的因素之一。

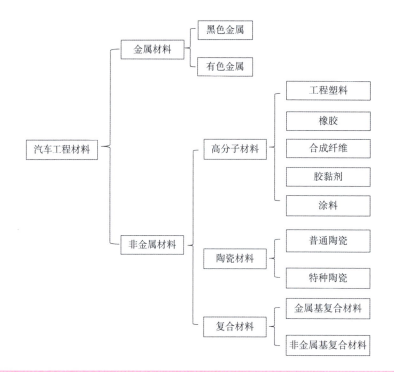

图1-1 常用汽车工程材料的分类

1 铸造性能

金属材料铸造成型获得优良铸件的能力称为铸造性能,常用流动性、收缩性和偏析来衡量。金属材料可以通过铸造制成各种零件,如汽车上的曲轴、凸轮轴、汽缸体、汽缸套等。

(1)流动性。流动性是铸造金属在浇铸时本身的流动能力或充填铸型的能力。它主要受金属的化学成分和浇铸温度的影响,流动性好的金属容易充满铸型,从而获得外形完整、尺寸精确、轮廓清晰的铸件。

(2)收缩性。收缩性是指金属液在铸型内全部冷却的过程中,其体积和尺寸减小的现象。收缩性不仅会影响铸件的尺寸,还会使铸件产生缩孔、疏松、内应力、变形和开裂等缺陷。故用于铸造的金属,其收缩率越小越好。

(3)偏析。偏析是液态金属凝固后化学成分不均匀的现象。偏析严重时,可使铸件各部分的力学性能有很大的差异,降低铸件的品质。

2 锻造性能

金属材料对用锻压加工方法成型的适应能力称为锻造性能。锻造性能主要取决于金属材料的塑性和变形抗力。塑性越好,变形抗力越小,金属的锻造性能越好。铜合金和铝合金在室温状态下就有良好的锻造性能。碳钢在加热状态下锻造性能较好。其中,低碳钢最好、中碳钢次之、高碳钢较差。低合金钢的锻造性能接近于中碳钢,高合金钢的锻造性能较差。铸铁锻造性能差,不能锻造。

3 焊接性能

焊接性能是指金属材料对焊接加工的适应能力,即在限定的施工条件下被焊接成符合规定设计要求的构件,并满足预定使用要求的能力;也就是在一定的焊接工艺条件下,获得优质焊接接头的难易程度。在汽车工业中,焊接的主要对象是钢材。碳质量分数是焊接性能好坏的主要因素。低碳钢和碳质量分数低于 0.18% 的合金钢有较好的焊接性能,焊接时不需采取特殊的工艺措施就能获得品质良好的焊接接头。碳质量分数大于 0.45% 的碳钢和碳质量分数大于 0.35% 的合金钢,其焊接性能较差。碳质量分数和合金元素质量分数越高,焊接性能越差。近焊缝区易产生淬硬组织和冷裂缝。铜合金和铝合金的焊接性能都较差。高碳钢、灰口铸铁的焊接性能很差,不宜作为焊接件。

❹ 切削加工性能

切削加工性能是指金属材料被机床刀具切削加工的难易程度。切削加工性能好的金属材料对刀具磨损小,切削加工后的零件表面粗糙度低。金属材料机加工的难易,视具体加工要求和加工条件而定。影响切削加工性能的因素很多,主要有金属材料的化学成分、组织、硬度、韧度、导热性和形变硬化等。金属材料具有适当的硬度和足够的脆性时,切削性良好。如铸铁、铜合金、铝合金具有良好的切削加工性能,而高合金钢的切削加工性能较差。

改变钢的化学成分(如加入少量铅、磷等元素)和进行适当的热处理(如低碳钢进行退火、高碳钢进行球化退火)可提高钢的切削加工性能。一般来说,若刀具耐用度高、许用切削速度较高,加工表面质量易于保证,或断屑问题易于解决,则这种金属材料容易机加工。此时,金属材料的硬度和韧度要适中,若硬度过大、过小或韧度过大,则切削加工性能不好。

❺ 压力加工性能

压力加工是指使金属材料产生塑性变形的加工方法。变形量小可用冷加工,变形量大要用热加工。在冷或热状态的压力作用下,金属材料产生塑性变形的能力被称为压力加工性能。既要有足够的塑性变形能力,又不能产生不允许的塑性裂纹。压力加工性能要包括必需的固态活动性,较低的对模具壁的摩擦阻力,强的抵抗氧化起皮及热裂能力,低的冷作硬化及皱褶、开裂倾向等。

低碳钢的压力加工性能比中碳钢、高碳钢、低合金钢好,各种铸铁属于脆性材料,不能承受压力加工。

压力加工性能常用金属的塑性和变形抗力来综合衡量。塑性愈大,则变形抗力愈小,其压力加工性能愈好。

❻ 热处理工艺性能

金属材料适应各种热处理工艺的性能称为热处理工艺性能。衡量金属材料热处理工艺性能的指标包括导热系数、淬硬性、淬透性、淬火变形、开裂趋势、表面氧化及脱碳趋势、过热及过烧的敏感趋势、晶粒长大趋势、回火脆性等。钢的热处理工艺性能主要考虑其淬透性,即钢接受淬火的能力,含 Mn、Cr、Ni 等合金元素的合金钢淬透性比较好,碳钢的淬透性较差。

在制造、维修中选择加工工艺时,必须要考虑金属材料的工艺性能。如铸造性能较好、切削加工性能也较好的灰口铸铁广泛应用于制造形状和尺寸较复杂的零件,但其压力加工性能和焊接性能均较差。低碳钢的冷冲压性能和焊接性能较好,故用来加工制造形状较复杂的汽车驾驶室等部件。金属材料的热处理性能较好,能通过不同的热处理工艺方法来改善和提高材料的各种性能。金属材料的热处理在后续项目中介绍。

二 使用性能

使用性能是指金属材料在使用条件下所表现出来的性能,包括物理性能、化学性能和力学性能。

1 金属的物理性能

金属材料在各种物理条件作用下所表现出的性能称为物理性能,包括密度、熔点、导热性、导电性、热膨胀性和磁性等。

(1)密度。物质的单位体积的质量称为该物质的密度,用 ρ 表示。密度是金属材料重要的物理性能。体积相同的不同金属,密度越大,其质量也越大。在机械制造中,金属材料的密度与零件自重和效能有直接关系,因此,密度通常作为零件选材的依据之一。此外,还可以通过测量金属材料的密度来鉴别材料的材质。

(2)熔点。金属或合金从固态转变为液态的最低温度称为熔点。熔点高的金属称为难熔金属,可用来制造耐高温零件。熔点低的金属称为易熔金属,可用来制造熔断丝和防火安全阀等零件。每种金属都有其固定的熔点,金属的熔点对铸造和焊接工艺十分重要。一般来说,金属的熔点低,铸造和焊接都易于进行。

(3)导热性。金属材料传导热量的性能称为导热性,常用热导率 λ 来表示。金属材料的热导率越高,则说明其导热性越好。常见金属中,银的导热性最好,铜、铝次之。

金属材料的导热性对焊接、锻造和热处理等工艺有很大影响。导热性好的金属材料,在加热和冷却过程中不会产生过大的内应力,可防止工件变形和开裂。此外,导热性好的金属散热性也好,因此,在制造散热器、活塞与热交换器等零件时要选用导热性好的金属材料。

(4)导电性。金属材料传导电流的性能称为导电性,常用电阻率 ρ 表示。金属材料的电阻率越小,导电性越好。常用金属中银的导电性最好,铜和铝次之。导电性好的金属,如纯铜、纯铝适于做导电材料;导电性差的金属,如铁铬合金适于做电热元件。

(5)热膨胀性。金属材料随温度变化而膨胀或收缩的特性称为热膨胀性。一般来说,金属受热时膨胀而体积增大,冷却时收缩而体积缩小。在实际工作中,考虑热膨胀性的地方很多。例如,轴与轴瓦之间要根据热膨胀性来控制其间隙尺寸,在制订焊接、热处理、铸造等工艺时,必须考虑材料热膨胀性的影响,以减少工件的变形和开裂;在测量工件的尺寸时,也要注意热膨胀性的影响,以减少测量误差。

(6)磁性。金属材料在磁场中受到磁化的性能称为磁性。根据金属材料在磁场中受到磁化程度的不同,可分为铁磁性材料、顺磁性材料、抗磁性材料三类。铁磁性材料(如铁、钴等)在外磁场中能强烈地被磁化,顺磁性材料(如锰、铬等)在外磁场中只能微弱地被磁化,抗磁性材料(如铜、锌等)能抗拒或削弱外磁场对材料本身的磁化作用。工程上使用的强磁性材料是铁磁性材料。铁磁性材料可用于制造变压器、电动机、测量仪表等。抗磁性材料可用作要求避免电磁场干扰的零件和结构材料。铁磁性材料在温度升高到一定数值时会变为顺磁性材料,这个转变温度称为居里点。

2 金属的化学性能

金属的化学性能是指金属在化学作用下所表现的性能。它包括耐腐蚀性、抗氧化性和化学稳定性等。

(1)耐腐蚀性。金属材料在常温下抵抗氧气、水蒸气、酸及碱等介质腐蚀的能力称为耐腐蚀性。在实际工作中,金属材料总是与各种有腐蚀性的介质接触,所以,金属的腐蚀现象是非常普遍的。各种介质的腐蚀作用对金属材料的危害很大,它不仅使金属材料本身受到损伤,严重时还会使金属构件遭到破坏,引起重大伤亡事故。因此,提高金属材料的耐腐蚀性对于延长金属材料使用寿命有着极其重要的经济意义。

(2)抗氧化性。金属材料在高温下容易被周围环境中的氧气氧化而遭到破坏。金属材料在高温下抵抗氧化作用的能力称为抗氧化性。金属材料的氧化程度随温度的升高而加速,如钢材在铸造、锻造、热处理、焊接等热加工过程中,氧化比较严重。这不仅造成材料过量损耗,也可能形成各种缺陷。为此,常在工件周围制造一层保护气氛,避免金属材料被氧化。

(3)化学稳定性。化学稳定性是金属材料的耐腐蚀性和抗氧化性的总称。金属材料在高温下的化学稳定性称为热稳定性。在高温条件下工作的零部件需要选择热稳定性好的材料来作为原材料。

3 金属的力学性能

金属材料在加工和使用过程中所受的外力,称为载荷。根据载荷作用性质可以分为如下几种。

(1)静载荷。静载荷是指大小不随时间变化或变化很慢的载荷,如汽车在静止状态下,由车身自重引起的对车架和轮胎的压力即属于静载荷。

(2)冲击载荷。冲击载荷是指随时间突然增加的载荷,如当汽车在不平的道路上行驶时,车身对车架和轮胎的冲击力即为冲击载荷。

(3)交变载荷。交变载荷是指大小、方向或大小和方向随时间发生周期性变化的载荷,如运转中的发动机曲轴、齿轮等零部件所承受的载荷均为交变载荷。

根据载荷作用形式可以分为拉伸载荷、压缩载荷、弯曲载荷、剪切载荷和扭曲载荷等,如图1-2所示。

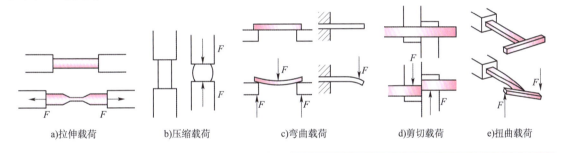

a)拉伸载荷　　b)压缩载荷　　c)弯曲载荷　　d)剪切载荷　　e)扭曲载荷

图1-2　常见的载荷作用形式

三 金属的力学性能

金属材料在受到外载荷作用下所表现出来的力学性能,称为金属材料的力学性能。金属材料的力学性能主要包括强度、塑性、硬度、冲击韧度和疲劳等。

1 强度

1)强度概念

强度是指金属材料在静载荷作用下抵抗塑性变形或断裂的能力。根据所加载荷的形式,可分为抗拉强度、抗压强度、抗弯强度和抗剪强度。工程上测量金属材料强度指标通常采用最简单的拉伸试验。拉伸试验在拉伸试验机上进行,如图1-3所示。

在拉伸试验中,先将被测金属材料制成标准试样。

图1-3　万能拉伸试验机

当 $L_o = 10d_o$ 时,称为长试样;当 $L_o = 5d_o$ 时,称为短试样,如图 1-4 所示。将试样装夹在拉伸试验机上缓慢加载拉伸,使试样产生轴向弹性变形,再过渡到塑性变形,直至试样断裂。

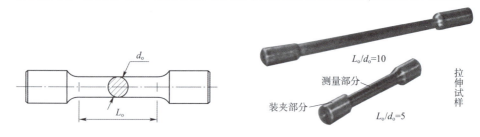

图 1-4　拉伸试验标准试样

通常用拉伸试验曲线图来表示受力程度和变形程度之间的关系,如图 1-5 所示。低碳钢的拉伸过程有四个明显的变形阶段:弹性阶段、屈服阶段、强化阶段和颈缩阶段。

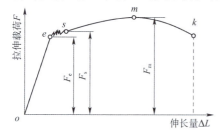

图 1-5　低碳钢的拉伸载荷-伸长量曲线

(1) 弹性阶段 (oe 阶段)。在此阶段中,若拉伸载荷不超过 F_e 时,试样变形完全是弹性的,此时如果卸载,试样将恢复原状,且拉伸载荷 F 与伸长量 (ΔL) 成正比例关系。这种随载荷的存在而产生、随载荷的去除而消失的变形称为弹性变形。F_e 为试样能恢复到原始形状和尺寸的最大拉伸力。

(2) 屈服阶段 (es 阶段)。在拉伸载荷超过 F_e 后,试样将进一步伸长。此时,若将载荷去除,试样的伸长只能部分地恢复,而保留一部分残余变形,即试样不能恢复到原来的尺寸 L_o。这种随载荷的去除而不能消失的变形称为塑性变形。当载荷达到 F_s 时,拉伸曲线呈水平状或锯齿状,即拉伸载荷基本不变,试样却继续变形,这种变形称为"屈服"。所对应的拉伸载荷 F_s 称为屈服载荷。屈服后,材料开始出现明显的塑性变形。

(3) 强化阶段 (sm 阶段),也称均匀塑性变形阶段。在拉伸载荷超过 F_s 后,试样伸长量随拉伸载荷增加而增大,但曲线的斜率减小。随着塑性变形的增大,试样变形抗力也逐渐增加,这种现象称为形变强化(或称加工硬化),此阶段试样的变形是均匀发生的。F_m 为试样拉伸试验时的最大载荷。

(4) 颈缩阶段 (mk 阶段),也称局部塑性变形阶段。当载荷达到最大值 F_m 后,试件的变形开始集中在最薄弱横截面附近的局部区域,使试样缩颈处的横截面积急剧缩小,出现颈缩现象,试件直径变细,横截面积缩小,其抵抗外载荷的能力下降,试样变形所需的载荷也随之降低,此时不再增加外载荷,试样却被拉断了,如图 1-6、图 1-7 所示。

2) 强度指标

由低碳钢的拉伸载荷-伸长量曲线可知,有 3 个拉伸载荷很重要,即弹性范围内的最大拉伸载荷 F_e、屈服拉伸载荷 F_s 和最大拉伸载荷 F_m。相应可得出金属材料抵抗拉伸力的强度指标有弹性极限、屈服强度、抗拉强度和规定残余延伸强度等。

(1) 弹性极限。弹性极限是金属材料保持弹性变形的最大应力,用 R_e 表示,单位为 MPa。其计算公式为:

$$R_e = F_e / S_o$$

式中:F_e——弹性范围内的最大拉伸载荷,N;

S_o——试样原始横截面积,mm²。

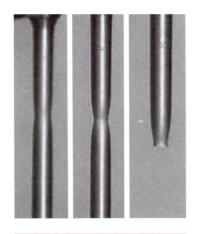

图 1-6 低碳钢的颈缩及断裂过程

图 1-7 韧性断口

弹性极限 R_e 是由试验得到的,其值受测量精度影响很大,故通常采取规定微量塑性伸长应力 $R_{p0.01}$ 为弹性极限。

(2)屈服强度。屈服强度是金属材料开始产生明显塑性变形时的最小应力值,其实质是金属材料抵抗初始塑性变形的应力。对于具有明显屈服现象的金属材料,应区分上屈服强度 R_{eH} 和下屈服强度 R_{eL}。上屈服强度是试样发生屈服而力首次下降前的最高应力;下屈服强度为屈服期间,不计初始瞬时效应的最低应力,如图 1-8 所示。

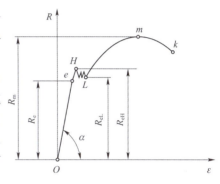

图 1-8 屈服强度的定义

$$R_{eH} = F_{eH}/S_o$$
$$R_{eL} = F_{eL}/S_o$$

式中:F_{eH}——试样发生屈服现象时,上屈服点对应的载荷,N;

F_{eL}——试样发生屈服现象时,下屈服点对应的载荷,N;

S_o——试样原始横截面积,mm^2。

(3)抗拉强度(抗拉极限)。材料断裂前所能承受的最大应力称为抗拉强度,用符号 R_m 表示。其计算公式为:

$$R_m = F_m/S_o$$

式中:R_m——抗拉强度,MPa;

F_m——材料断裂前所能承受的最大载荷,N;

S_o——试样原始横截面积,mm^2。

零件在工作中所承受的应力,不允许超过抗拉强度,否则,会产生断裂,R_m 也是机械零件设计和选材的重要依据。

工程上使用的金属材料,多数没有明显的屈服现象,有些脆性材料,在断裂前塑性变形量很小,甚至不发生塑性变形。如灰铸铁、淬火高碳钢等,如图 1-9、图 1-10 所示。

(4)规定残余延伸强度。对于无明显屈服现象的金属材料按《金属材料 拉伸试验 第 1 部分:室温试验方法》(GB/T 228.1—2021)规定可用规定残余延伸强度 $R_{r0.2}$ 表示。$R_{r0.2}$ 表示试样卸载后,其标距部分的残余延伸率达到 0.2% 时的应力,也称屈服强度。其计算公式为:

$$R_{r0.2} = F_{0.2}/S_o$$

式中：$R_{r0.2}$——规定残余延伸强度，MPa；

$F_{0.2}$——残余延伸率达到0.2%时的载荷，N；

S_o——试样原始横截面积，mm^2。

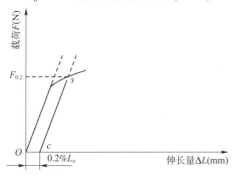

图1-9 铸铁拉伸曲线

图1-10 脆性断口

屈服强度和规定残余延伸强度都是衡量金属材料塑性变形抗力的指标。机械零件在工作时如受力过大，则会因过量的塑性变形而失效。当零件所受的应力低于材料的屈服强度或规定残余延伸强度时，则不会产生过量的塑性变形。材料的屈服强度或规定残余延伸强度越高，允许的工作应力也越高，则零件的截面尺寸及自身质量就可以减小。因此，材料的屈服强度或规定残余延伸强度是机械零件设计的主要依据，也是评定金属材料性能的重要指标。

(5) 屈强比。屈服强度与抗拉强度的比值 R_{eL}/R_m 称为材料的屈强比。屈强比的大小对金属材料意义很大，屈强比越小，零件的安全可靠性越高；屈强比越大，材料的承载能力越强，越能发挥材料的性能潜力。但屈强比过大，材料在断裂前塑性"储备"太少，则其将对应力集中敏感，安全性能会下降。合理的屈强比一般为0.60～0.75。

 塑性

以弯曲一块钢板为例，如图1-11所示，用手稍微弯曲钢板，然后放开，则钢板会回弹恢复到原来的形状，这种在除去载荷后能自动消失的变形，称为弹性变形，而钢板恢复原状的特性称为弹性。

a) 弹性变形　　　　　　　　　b) 塑性变形

图1-11 弹性变形与塑性变形

若在钢板上施加较大力量使钢板弯曲，卸载后会出现无法恢复原状的永久变形，这种在除去载荷后不能消失的变形，称为塑性变形，钢板产生塑性变形而不被破坏的能力称为塑性。材料具有良好的塑性，有利于对金属材料进行加工，如汽车驾驶室外壳、油箱等零部件的加工成型，因变形量很大，必须选用塑性较好的金属材料经冷冲压加工成型。

金属材料在受到拉伸时，长度和横截面积都会发生变化，因此，金属的塑性可以用断后伸长率和断面收缩率两个指标来衡量。

(1)断后伸长率。试样拉断后,标距长度的伸长与原始标距的百分比称为断后伸长率,用符号 A 表示。其计算公式为:

$$A = (L_u - L_o)/L_o \times 100\%$$

式中:L_o——试样的原始标距,mm;

L_u——试样拉断后的标距,mm。

(2)断面收缩率。试样拉断后,缩颈处横截面积的缩减量与原始横截面积的百分比称为断面收缩率,用符号 Z 表示。其计算公式为:

$$Z = (S_o - S_u)/S_o \times 100\%$$

式中:S_o——试样的原始横截面积,mm^2;

S_u——试样拉断后缩颈处的横截面积,mm^2。

断面收缩率不受试样标距长度的影响,因此,能更可靠地反映材料的塑性。

塑性是材料的一个重要指标,断后伸长率 A 和断面收缩率 Z 数值越大,表示材料的塑性越好。金属材料的塑性好坏,对零件的使用和加工性能有着十分重要的意义。例如,低碳钢塑性好,可以进行压力加工;铸铁塑性差,不便采用压力加工,只能铸造。同时,塑性好的材料可以发生大量塑性变形而不被破坏,易于通过塑性变形加工成复杂形状的零件。例如,工业纯铁的断后伸长率可达 50%,断面收缩率可达 80%,可以拉制细丝、轧制薄板等。塑性好的材料在使用中能够保证材料不会因为稍有过载而突然断裂,这样就增加了材料的使用安全性。

❸ 硬度

硬度是指金属材料表面抵抗局部塑性变形或破坏的能力,是衡量金属材料软硬程度的指标。金属材料的硬度越高,其耐磨性能越好。硬度试验方法很多,应用研究最广泛的有布氏硬度、洛氏硬度和维氏硬度测试法。

1)布氏硬度

(1)测试原理。用布氏硬度测量仪(图 1-12)将直径为 D 的淬火钢球或硬质合金球压头(图 1-13),以规定的试验力 F 压入被测材料表面,保持一定时间后卸去试验力,用读数显微镜测量被测材料的表面压痕直径 d(不平方向测量取平均值)和压痕球形表面积 A,试样的单位表面积所承受的载荷 F/A 大小即表示该试样的布氏硬度,如图 1-14 所示。布氏硬度值的单位为 MPa,一般情况下可不标出。

图 1-12 布氏硬度测量仪

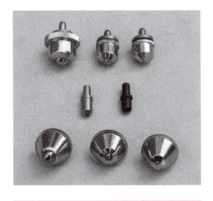

图 1-13 布氏硬度计压头

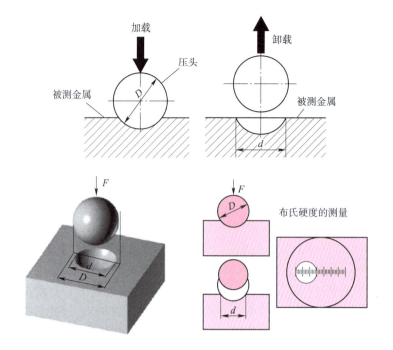

图 1-14 布氏硬度测试原理

布氏硬度用符号 HBW 表示,压头为硬质合金球,布氏硬度上限值为 650HBW,不能高于此值,否则,会导致钢球变形或硬质合金球的压痕太小,误差较大。布氏硬度主要用于测定小于 450HBS 的材料。

(2)表示方法。在实际应用中,根据压痕直径的大小直接查布氏硬度表而无须计算即可得出硬度值。布氏硬度标注如下:符号 HBW 之前为硬度值,符号后面按球体直径、试验力、试验力保持时间(持续时间为 10~15s 时可不标注)的顺序用数值表示试验条件。

例如:200HBW10/1000/30 表示用直径为 10mm 的硬质合金球压头,在 1000kgf(1kgf = 9.80665N)的作用下,保持 30s,测得的布氏硬度值为 200MPa。

(3)测试法的特点及适应范围。布氏硬度测试法的优点是其硬度代表性好,压痕面积较大,能反映较大范围内金属各组成相综合影响的平均值,不受个别组成相及微小不均匀度的影响。因此,特别适用于测定灰铸铁、轴承合金和具有粗大晶粒的金属材料,还可用于有色金属和软钢。

由于布氏硬度试验的特点是压痕较大,压痕边缘的凸起、凹陷或圆滑过渡都会使压痕直径的测量产生较大误差,成品检验有困难,因此,一般不用于成品检测,多用于原材料和半成品的检测。

2)洛氏硬度

(1)测试原理。用锥顶角为 120°的金刚石圆锥体或直径 1.588mm 的淬火钢球,以相应试验力压入待测表面,保持规定时间后卸除主试验力,以测量的残余压痕深度增量计算出硬度值,如图 1-15 所示。压头压入的深度越大,金属材料的洛氏硬度值越低,反之越高。洛氏硬度由洛氏硬度测量仪测定,如图 1-16 所示。实际测量时,硬度值可以从洛氏硬度计的刻度盘上直接读出。

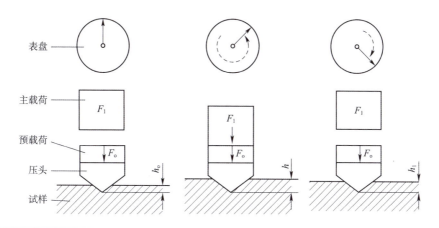

图1-15 洛氏硬度测量原理

目前,金属洛氏硬度试验方法按照《金属材料 洛氏硬度试验 第1部分:试验方法》(GB/T 230.1—2018)执行。为了能用同一硬度计测定不同软硬或厚薄试样的硬度,需要采用不同的压头和载荷组合成多种洛氏硬度标尺,其中最常用的是A、B、C三种标尺,分别记作HRA、HRB、HRC,其中洛氏硬度C标尺应用最广泛。

洛氏硬度计硬度标尺的硬度原则一般为如下。

①HRA适用于测定坚硬或薄硬材料硬度,如硬质合金、渗碳后淬硬钢、经硬化处理后的薄钢带、薄钢板等。因为对于 $HRC>67$ 的材料若仍用1471N检测力,易损坏金刚石压头,宜用检测力较小、压入深度较浅的HRA标尺。

②HRB适宜用于测定中等硬度的材料,如经退火后的中碳和低碳钢、可锻铸铁、各种黄铜和大多数青铜以及经固溶处理时效后的各种硬铝合金等。适用范围是20～100HRB。当试样硬度小于20HRB时,因为这些金属的蠕变行为,试样在检测力作用下变形将持续很长时间,表上的指针或光学投影刻度将长时缓慢移动,难以测量准确。而当 $HRB>100$ 时,因为球压入深度过浅,灵敏度降低,影响测量精度。

图1-16 洛氏硬度测量仪

③HRC最适用于测定经淬火及低温回火后的碳素钢、合金钢以及工、模具钢,也适用于测定冷硬铸铁、珠光体可锻铸铁、钛合金等。一般 $HRB>100$ 的材料可用C标尺测定。当 $HRC<20$ 时,由于金刚石压头压入过深,压头圆锥的影响增大,产生下滑现象,影响测量准确性,宜换用HRB标尺测定。

三种洛氏硬度标尺的试验条件和适用范围见表1-1。

常用三种洛氏硬度试验条件及应用举例　　表1-1

硬度符号	压头类型	初始试验力(N)	主试验力(N)	硬度值有效范围	应用举例
HRA	120°圆锥体金刚石	98.07	588.4	20～95	硬质合金、表面淬火钢、渗碳层等
HRB	φ1.588mm钢球	98.07	980.7	10～100	有色金属、退火、正火钢件等
HRC	120°圆锥体金刚石	98.07	1471	20～70	淬火钢、调质钢件等

(2)表示方法。洛氏硬度没有单位,是一个无量纲的力学性能指标。洛氏硬度表示方法为:硬度值+硬度符号(无单位)。例如:60HRC表示用C标尺测得的洛氏硬度值为60。

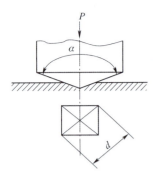

图1-17 维氏硬度测试原理

(3) 测试法的特点及适应范围。洛氏硬度测试法的特点是试验操作简便迅速,可直接从硬度机表盘上读出硬度值,压痕小,可直接测量成品或较薄工件的硬度;但由于压痕较小,测得的数据不够准确,通常应在试样不同部位测定三点,取其算术平均值。洛氏硬度不同标尺测得的硬度,不可直接比较大小。

洛氏硬度测试法是目前应用最广泛的硬度测试方法,可用于成品检验和薄件表面硬度检验,不适于测量组织不均匀材料。

3) 维氏硬度

(1) 测试原理(图1-17)。用锥面夹角为136°的金刚石四棱锥体作为压头,以一定的试验力将压头压入试样表面,保持规定时间卸载后,在试样表面留下一个四方锥形的压痕,如图1-18、图1-19所示,利用刻度放大镜测出压痕对角线长度,通过查表可得出维氏硬度值。

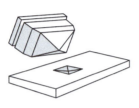

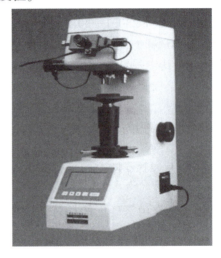

图1-18 维氏硬度压痕   图1-19 维氏硬度计

(2) 表示方法。维氏硬度用符号 HV 表示。维氏硬度表示方法为:硬度值+硬度符号+测试条件。例如:580HV/30/20 表示在30kgf 载荷作用下,保持20s 测得的维氏硬度值为580MPa(MPa 通常不标注)。

(3) 测试法的特点及适应范围。维氏硬度测试法保留了布氏硬度测试法和洛氏硬度测试法的优点,适用范围广,测量范围为5～3000HV,从极软到极硬材料都可测量,尤其适合测定表面淬硬层及化学热处理表面层等硬度;测量精度高,可比性强,能测较薄工件。材料可以通过维氏硬度值直接比较大小,但测量操作较麻烦,测量效率低。

维氏硬度测试法广泛用于科研单位和高校的试验条件下,以及薄件表面硬度检验;不适于大批生产和测量组织不均匀材料。

4 冲击韧度

有许多机械零件和工具在实际工作中,经常要受到冲击载荷的作用,如发动机活塞、连杆、曲轴等零件在做功行程中受到很大的冲击载荷;汽车起步、换挡、制动时钢板弹簧、齿轮、传动轴、半轴等零件会受到很大的冲击载荷。制造此类零件所用的材料必须考虑其抗冲击载荷的能力。

通常用冲击韧度来评定材料抵抗冲击的能力。冲击韧性表示金属材料在冲击载荷作用下抵抗破坏的能力。常用摆锤一次冲击试验来测定。

(1)冲击试验试样。根据《金属材料 夏比摆锤冲击试验方法》(GB/T 229—2020)规定,冲击试验试样的类型分为 V 形缺口和 U 形缺口两种试样,如图 1-20 所示。试样缺口的作用是在缺口附近造成应力集中,保证在缺口处破断。缺口的深度和尖锐程度对冲击吸收能量的大小影响显著,缺口越深、越尖锐,冲击吸收能量越小,金属材料表现的脆性越大。

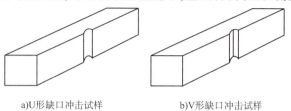

a)U形缺口冲击试样　　　　b)V形缺口冲击试样

图 1-20　冲击试样

(2)冲击试验方法。测定材料的冲击韧性一般是在一次摆锤冲击试验机上进行,如图 1-21 所示。将试样放在试验机的支座上,使试样的缺口背向冲击方向。将具有一定质量的摆锤举升至一定高度 h_1,再自由落下,冲断试样。在惯性的作用下,摆锤冲断试样以后会继续上升到高度 h_2,这时,可从试验机的刻度盘上读出摆锤冲断试样所做的冲击吸收能量 K。

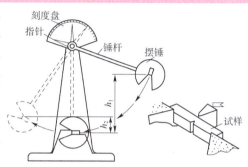

图 1-21　一次摆锤冲击试验

(3)冲击韧性的表示方法。试样被冲断过程中吸收的能量即冲击吸收能量 K 等于摆锤冲击试样前后的势能差,即:

$$K = mg(h_1 - h_2)$$

冲击吸收能量的值越大,材料的韧性越大,越可以承受较大的冲击载荷。一般把冲击吸收能量低的材料称为脆性材料,冲击吸收能量高的材料称为韧性材料。脆性材料在断裂前无明显的塑性变形,断口比较平整,有金属光泽;韧性材料在断裂前有明显的塑性变形,断口呈纤维状,没有金属光泽。

许多汽车零部件(如曲轴、齿轮等)在工作过程中,各点的应力随时间做周期性的变化,这种随时间做周期性变化的应力,称为交变应力(也称循环应力)。在交变应力作用下,虽然零件所承受的应力低于材料的屈服点,但经过较长时间的工作而产生裂纹或突然发生完全断裂的过程,称为金属的疲劳。金属材料所承受的交变载荷大小与遭受破坏前的交变载荷循环次数有关,即交变载荷越大,破坏前的载荷循环次数就越少,反之则越多。金属材料在无数次重复交变载荷作用下不被破坏的最大应力,称为疲劳强度(疲劳极限)。

材料承受的交变应力 σ 与材料断裂前承受交变应力的循环次数 N 之间的关系,可用疲劳曲线(σ-N 曲线)来表示,图 1-22 所示为疲劳曲线示意图。金属承受的交变应力越大,则断裂时应力循环次数 N 越少。当应力低于一定值时,试样可以经受无限周期循环而不被破坏,此应力值即为材料的疲劳强度(亦称疲劳极限),用 σ_0 表示。

研究表明，疲劳断裂首先是在零件的应力集中局部区域产生，先形成微小的裂纹核心，即裂纹源。随后在循环应力的作用下，裂纹继续扩展长大。由于疲劳裂纹不断扩展，使零件的有效工作面逐渐减小，因此，零件所受应力不断增加，当应力超过材料的断裂强度时，则发生疲劳断裂，形成最后断裂区。疲劳断裂的断口如图1-23所示。

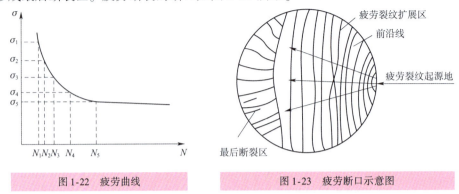

图1-22　疲劳曲线　　　　图1-23　疲劳断口示意图

零件因疲劳而突然失效、不能工作，对汽车来说是很危险的，如汽车的板弹簧或前轴发生疲劳而突然断裂，就会造成车毁人亡的重大交通事故。所以，在设计这种受力条件工作的零部件时，选用的材料必须考虑其抵抗疲劳破坏的抗力大小。

疲劳断裂是在循环应力作用下，经一定循环次数后发生的。在循环载荷作用下，材料承受一定的循环应力 σ 和断裂时相应的循环次数 N 之间的关系可以用曲线来描述，这种曲线称为 S-N 曲线。在工程实践中，一般是求疲劳极限，即对应于指定的循环基数下的疲劳强度，如对于黑色金属，其循环基数为 10^7，对于有色金属，其循环基数为 10^8。对于对称循环应力，其疲劳强度用 σ_{-1} 表示。许多试验结果表明：材料疲劳强度随着抗拉强度的提高而增加。

在机械零件的失效形式中，约有80%是由疲劳断裂所造成的。因此，减少疲劳失效，对于提高零件使用寿命有着重要意义。金属的疲劳极限受到很多因素的影响。由于疲劳断裂通常是从机件最薄弱的部位或缺陷所造成的应力集中处发生，因此，疲劳失效对许多因素很敏感，如工作条件、表面状态、材质、残余内应力、循环应力特性、环境介质、温度、机件表面状态、内部组织缺陷等，都会导致疲劳裂纹的产生或加速裂纹的发展而降低疲劳寿命。提高零件的疲劳性抗力，防止疲劳断裂事故发生的途径如下。

(1) 设计时尽量避免尖角、缺口和截面突变，以免应力集中及由此引起疲劳裂纹；降低零件表面粗糙度，提高表面加工质量，以及尽量减少能成为疲劳源的表面缺陷（氧化、脆碳、裂纹、夹杂和刀痕、划伤等）和各表面损伤等。

(2) 采用各种表面强化处理，如化学热处理、表面淬火、喷丸、滚压等，以形成表面残余压力提高疲劳抗力。

(3) 改善零部件的结构形状、工作条件、表面加工质量、材料的材质以及内部组织的各类缺陷和残余应力等，同时采用表面淬火、喷丸处理等表面强化方法，能显著地提高金属材料的疲劳极限。

四　金属材料的化学性能

金属与其他物质产生化学反应的特性称为金属的化学性能。在实际应用中主要考虑金属的耐腐蚀性和抗氧化性，特别是耐腐蚀性对金属的腐蚀疲劳损伤有着重大的意义。

1 耐腐蚀性

金属材料在常温下抵抗氧、水蒸气及其他化学介质腐蚀破坏的能力称为耐腐蚀性。碳钢、铸铁的耐腐蚀性较差;钛及其合金、不锈钢、耐腐蚀性好;铝合金和铜合金的耐腐蚀性较好。

汽车零部件制造所用的材料以金属为主,在使用中,金属材料的腐蚀是难以避免的。汽车发动机在汽缸冷却时,燃料中的硫等很容易在缸壁上生成酸性物质,此时的腐蚀很强。当汽缸内温度较高时,酸性物质的腐蚀会小很多,但此时因润滑油黏度随温度的升高而降低,油膜不易形成,缸壁抵抗腐蚀的能力减小,使得磨损加剧。

车辆金属零件腐蚀比较严重的部位是钣金件部分,如驾驶室、车厢、车壳体、车底板、挡泥板、底盘等。金属零件的腐蚀,不仅会降低其品质和寿命,还会因腐蚀造成异常损坏而引发交通事故。图1-24所示为被腐蚀的轴瓦、被腐蚀的汽车排气管和生锈卡死的轴承。

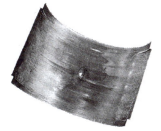
a)被腐蚀的轴瓦

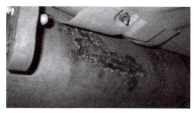
b)被腐蚀的汽车排气管

c)生锈卡死的轴承

图1-24 零件的腐蚀

金属防腐蚀的方法很多,主要有改善金属的本质,形成保护层,改善腐蚀环境以及电化学保护等。

(1)改善金属的本质。可在金属中添加合金元素,以提高材料的耐腐蚀性。如在钢中加入镍等元素制成不锈钢,以防止或减缓金属的腐蚀。

(2)形成保护层。防止金属腐蚀简单有效的方法是在金属表面覆盖各种保护层,把被保护金属同腐蚀介质隔开,如在汽车车身喷涂油漆等。使用防锈蜡对底盘进行防腐,如图1-25所示。

(3)改善腐蚀环境。减少腐蚀介质的浓度,除去介质中的氧,控制环境温度和湿度,在腐蚀介质中添加缓蚀剂来防止和减少金属的腐蚀。

图1-25 使用防锈蜡进行防腐

(4)电化学保护法。根据电化学原理在金属设备上采取措施,使之成为腐蚀电池中的阴极,从而减轻或防止金属腐蚀。

2 抗氧化性

金属材料在高温时抵抗氧化腐蚀作用的能力称为抗氧化性。氧化是一种典型的化学腐蚀,在高温空气、燃烧废气等氧化性气氛中,金属与氧接触发生化学反应即氧化腐蚀,腐蚀产物(氧化膜)附着在金属的表面。随着氧化的进行,氧化膜厚度继续增加,金属氧化到一定程度后是否继续氧化,直接取决于金属表面氧化膜的性能。如果生成的氧化膜是致密、稳定的、与基体金属接合力高,氧化膜强度较高,就能够阻止氧原子向金属内部的扩散,降低氧化速度,否则,会加速氧化,使金属表面起皮和脱落等,导致零件早期失效。图1-26所示为被氧化腐蚀的汽车轮毂。

图1-26 被氧化腐蚀的汽车轮毂

本项目主要介绍了金属材料的力学性能和工艺性能,其中重点介绍了强度、塑性、硬度、冲击韧性和疲劳强度等力学性能指标及其含义,见表1-2。

常用力学性能指标及其含义　　　　　表1-2

金属材料的性能		概念	常用指标及符号
力学性能	强度	材料在外力作用下抵抗变形和损坏的能力	弹性极限 R_e
			上屈服强度 R_{eH}
			下屈服强度 R_{eL}
			抗拉强度 R_m
	塑性	产生塑性变形而不被破坏的能力	断后伸长率 $A=(L_u-L_o)/L_o\times100\%$
			断面收缩率 $Z=(S_o-S_u)/S_o\times100\%$
	硬度	金属材料抵抗比它更硬物体压入其表面的能力	布氏硬度 HBW
			洛氏硬度 HRA、HRB、HRC
			维氏硬度 HV
	冲击韧性	金属材料在冲击载荷作用下抵抗破坏的能力	冲击吸收能量 K
	疲劳强度	零件抵抗交变载荷时间反复循环作用后突然发生的脆性断裂的能力	σ_{-1}、σ_0 等
物理性能	密度	单位体积物质的质量	ρ
	熔点	金属由固态转变成液态时的温度	
	导热性	对固体或液体传热能力的衡量	热导率
	热膨胀性	金属材料随着温度变化,体积也发生变化(膨胀或收缩)的现象	热膨胀系数
	磁性	能吸引铁磁性物体的性质	
	导电性	传导电流的能力	电阻率

金属材料的性能		概念	常用指标及符号
化学性能	抗氧化性	金属材料在高温时抵抗氧化腐蚀作用的能力	
	耐腐蚀性	金属材料在常温下抵抗氧、水蒸气及其他化学介质腐蚀破坏的能力	
工艺性能	铸造性能	金属或合金是否适合铸造的一些工艺性能	
	压力加工性能	利用金属在外力作用下所产生的塑性变形,来获得具有一定形状、尺寸和力学性能	
	焊接性能	金属材料通过加热或加热和加压焊接方法,把两个或两个以上金属材料焊接到一起,接口处能满足使用目的的特性	
	切削加工性能	切削加工金属材料的难易程度	
	热处理工艺性能	金属经过热处理后其组织和性能改变的能力	

思考与练习

一、名词解释

力学性能,强度,屈服强度,抗拉强度,屈强比,塑性,断后伸长率,断面收缩率,韧性,冲击吸收能量,低温脆性,疲劳,疲劳极限,HV,HRC,HBW。

二、填空题

1. 金属的性能包括_____性能、_____性能、_____性能和_____性能。
2. 材料的力学性能通常是指在载荷作用下材料抵抗_____或_____的能力。
3. 材料的工艺性能包括_____、_____、_____、_____、_____等。
4. 金属材料的强度是指在静载荷作用下,材料抵抗_____或_____的能力。
5. 低碳钢拉伸试验的过程可以分为弹性变形、_____和_____ 3个阶段。
6. 金属塑性的指标主要有_____和_____两种。
7. 常用压入法硬度测试有_____、_____和维氏硬度测试法。
8. 500HBW5/750表示用直径为_____mm、材质为_____的压头,在_____kgf载荷用下保持_____s,测得的硬度值为_____。
9. 金属材料在_____作用下抵抗破坏的能力称为韧性,其表征指标称_____,符号是_____。
10. 疲劳极限是表示材料_____作用而_____的最大应力值。
11. 零件的疲劳失效过程可分为_____、_____和_____三个阶段。
12. 疲劳断裂与静载荷下的断裂不同,在静载荷下无论显示脆性还是韧性的材料,在疲劳断裂时都不产生明显的_____,断裂是_____发生的。
13. 大小、方向或大小和方向随时间发生周期性变化的载荷称为_____。

三、判断题

1. 拉伸试验可以测定材料的强度、塑性等性能指标,因此,金属材料的力学性能指标都可以通过拉伸试验测定。( )
2. 金属的屈服强度越高,则其允许的工作应力越大。( )

3. 塑性变形能随载荷的去除而消失。( )
4. 所有金属在拉伸试验时都会出现屈服现象。( )
5. 冲击试样缺口的作用是便于夹取试样。( )
6. 用布氏硬度测量硬度时,压头为钢球,用符号 HBW 表示。( )
7. 工程中使用的中低强度钢存在冷脆倾向。( )
8. 布氏硬度测量法不宜用于测量成品及较薄零件。( )
9. 一般金属材料在低温时比高温时脆性大。( )
10. 汽车发动机中的活塞要求质量小、运动时惯性小,所以选用密度较小的轻金属材料铝合金等制造。( )
11. 同一种金属材料,不同尺寸试样测得的延伸率相同。( )
12. 布氏硬度试验压痕面积较大,容易损伤零件表面,因此只宜测试原材料及半成品,不适于检测成品件。( )
13. 洛氏硬度测试压痕小,测得的数据比较稳定。( )
14. 材料的强度越高,塑性越好,其韧性也越好。( )
15. 金属防腐蚀的方法很多,主要有改善金属的本质,把被保护金属与腐蚀介质隔开,或对金属进行表面处理,改善腐蚀环境以及电化学保护等。( )

四、选择题

1. 金属材料在载荷作用下抵抗弹性变形的能力称为( )。
   A. 强度　　　　B. 硬度　　　　C. 塑性　　　　D. 刚性
2. 起重机吊运重物需要用钢丝绳,是因为钢丝绳的( )高。
   A. 塑性　　　　B. 硬度　　　　C. 强度　　　　D. 弹性
3. 在测量铸铁工件的硬度时,常用硬度测试方法的表示符号是( )。
   A. HBW　　　　B. HRC　　　　C. HV　　　　D. HRS
4. 疲劳试验时,试样承受的载荷为( )。
   A. 静载荷　　　B. 交变载荷　　C. 冲击载荷　　D. 以上皆可
5. 常用的塑性判断依据是( )。
   A. 断后伸长率和断面收缩率　　　B. 塑性和韧性
   C. 断面收缩率和塑性　　　　　　D. 断后伸长率和塑性
6. 用 Q235 钢(屈服强度为 235MPa,抗拉强度为 450MPa)制造的工程构件,当工作应力达到 240MPa 时,会发生( )。
   A. 弹性变形　　B. 塑性变形　　C. 断裂　　　　D. 什么都不发生
7. 钢制工件淬火后,测量硬度的适宜方法是( )。
   A. 布氏硬度　　B. 洛氏硬度　　C. 维氏硬度　　D. 以上方法都不适宜
8. 用金刚石圆锥体作为压头,并以压痕深度计量硬度值的是( )。
   A. 布氏硬度　　B. 洛氏硬度　　C. 维氏硬度　　D. 以上都可以
9. 为了保证安全,当飞机达到设计允许的使用时间后,必须强制退役,这主要是考虑材料的( )。
   A. 强度　　　　B. 硬度　　　　C. 韧性　　　　D. 疲劳

五、简答题

1. 什么是金属的强度、塑性、硬度、冲击韧性和疲劳强度?

2. 在工件的技术图样上,出现了以下几种硬度技术条件的标注方法,这种标注是否正确?为什么?

(1) HBW150~200　　　　　　　　(2) 600~650HBW

(3) 5~10HRC　　　　　　　　　　(4) HRC64

(5) HV800~850　　　　　　　　　(6) 250HBW

3. 画出低碳钢力—伸长曲线,并简述拉伸变形的几个阶段。

4. 塑性指标在工程上有哪些实际意义?

5. 金属材料的冲击韧性与温度有什么关系?在选材时如何注意?

6. 提高金属材料的强度有什么实际工程意义?

7. 汽车发动机气门弹簧工作时,是弹性变形还是塑性变形?

8. 金属疲劳破坏有哪些特点?

9. 提高零件疲劳强度的措施有哪些?

10. 将6500N的力施加于直径为10mm、屈服强度为530MPa的钢棒上,通过计算说明钢棒是否会产生塑性变形。

11. 金属防腐蚀的方法有哪些?

项目 2

金属的晶体结构

知识目标

1. 了解固溶体和金属化合物在合金组织中的作用;
2. 掌握纯金属的晶体结构、同素异构转变等内容;
3. 掌握合金的相结构;
4. 掌握晶体缺陷的种类、特征及对晶体结构和性能的影响。

技能目标

1. 能够正确理解晶胞概念;
2. 能够区分不同类型的晶体结构。

素养目标

1. 培养学生独立思考、分析问题、解决问题的能力;
2. 培养学生的环保意识和可持续发展理念,充分发挥金属材料全生命周期的价值,弘扬创造精神、勤俭节约精神。

概 述

不同的金属材料在相同载荷的作用下会表现出不同的性能,产生性能差异的原因是材料内部结构不同,如低碳钢比高碳钢具有较好的塑性,但硬度却低很多。这说明化学成分是影响材料性能最基本的因素之一,如钢和铸铁,两者化学成分不同,所表现出的性能有着很大差别。热处理前、后的钢在性能上也存在着明显差别,如碳的质量分数为 0.8% 的钢,热处理前硬度为 20HRC;经热处理后硬度可达 60~62HRC,用后者制成的刀具可以顺利地对前者进行切削加工。材料性能之所以发生如此大变化,主要是由于热处理过程使材料内部的组织结构发生显著变化,这说明金属材料内部组织结构是影响金属性能的重要因素。然而,如果碳的质量分数为 0.08% 的碳素钢,进行同样热处理后所得到的碳素钢就与碳的质量分数为 0.8% 的碳素钢情况不一样,这说明组织结构变化与化学成分有着密切的关系。因此,影响金属性能的基本因素是化学成分及内部组织结构,两者既有区别又有联系。

任务1 纯金属的晶体结构

一 金属键与金属的特性

金属具有良好的导电性、导热性和良好的塑性等特性。金属为什么具有这些特性呢？这主要是与金属原子间的结合方式有关。

金属原子的价电子数目很少，一般只有一两个，价电子与原子核之间的联系很弱。因此，当金属原子相互结合时，各原子大多会失去价电子变成正离子；而从原子中脱落下来的价电子，在正离子间做自由运动，为整个金属所共有，这种电子称为自由电子。金属原子是依靠正离子和自由电子的相互吸引而结合起来的（图2-1），这种结合方式称为金属键。

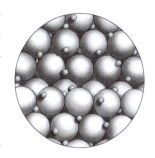

图2-1 金属键的模型

金属原子以金属键结合，其中有自由电子存在。因此，在外电场作用下，金属中的自由电子便会定向流动，形成电流，故具有良好的导电性。金属不仅依靠正离子振动，而且还依靠自由电子运动来传递热量，因此，呈现良好的导热性。在外力作用下，金属中的原子面之间可做相对移动，即发生塑性变形，而正离子与自由电子间的结合不被破坏，使金属显示良好的塑形。由于自由电子容易被可见光所激发，跳到较高的能级，当它重新跳回原来的低能级时，就把所吸收的可见光的能量以电磁波的形式辐射出来，这在宏观上就表现为金属光泽。

二 晶体结构的基本概念

1 晶体与非晶体

固态物质按其原子（或分子）的聚集状态可分为晶体和非晶体两大类。凡原子（或分子）按一定的几何规律做规则的周期性重复排列的物质称为晶体，如图2-2所示；而原子（或分子）无规则聚集在一起的物质则称为非晶体，如图2-3所示。

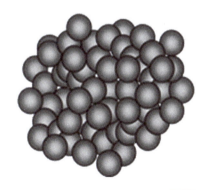

图2-2 晶体结构　　　图2-3 非晶体结构

在自然界中，除了少数物质（如普通玻璃、松香、石蜡等）属于非晶体外，绝大多数的固态物质都是晶体。晶体具有固定的熔点，而非晶体无固定熔点。晶体呈现各向异性，具体是指由于晶体内的原子定向排布所引起的晶体的各向异性，即沿晶格的不同方向，原子排列的周期性和疏密程度不尽相同,由此导致晶体在不同方向的物理化学特性也不同。而非晶体处于无定形状态,原子排布杂乱无章,所以处于长程无序的状态,从非晶体的内部往各个方向观察,都没有明显的区别,其不同方向上的物理化学性质也相同,故而是各向同性的。晶体与非晶体在一定条件下可以互相转化。

许多晶体还具有规则的外形,如天然金刚石、水晶、结晶盐等。但晶体是否具有规则的外形还与晶体形成条件有关。

2 金属晶格的基本类型

金属在固态时一般都是晶体,决定晶体结构的内在因素是原子或离子、分子间键结合的类型及强弱。金属晶体的结合键为金属键,而金属键具有无饱和性和无方向性的特点,从而使金属内部的原子趋于紧密排列,构成了高度对称性的简单晶体结构,本书仅讨论典型的金属晶体结构。

(1) 晶体结构模型。固态金属一般是晶体,其原子或离子是按一定的几何规律做周期性排列的,为了方便分析问题,通常把金属中的原子近似地看成是刚性小球,而不再细分为正离子和自由电子。这样,金属晶体就可以看成是由刚性小球按一定几何规律紧密堆积而成的,如图 2-4a) 所示。

(2) 晶格。为了清楚地表明晶体中原子的排列规律,常常忽略原子的大小而将其抽象为一个纯粹的几何点,这样的几何点称为点阵。为了便于理解,把原子看成是一个球体,则金属晶体就是由这些小球有规律堆积而成的物体。为了形象地表示晶体中原子排列的规律,可以将原子简化成一个点,用假想的线将这些点连接起来,构成有明显规律性的空间格架,如图 2-4b) 所示。这种表示原子在晶体中排列规律的空间格架叫作晶格,又称晶架。

(3) 晶胞。由于晶体中原子排列具有周期性的特点,为便于讨论,通常只从晶格中选取一个能够完全反映晶格特征的最小的几何单元,用来分析晶体中原子排列的规律,这个最小的几何单元称为晶胞,如图 2-4c) 所示。不难看出,整个晶格实际上是由许多大小、形状和位向相同的晶胞在空间重复堆砌而成。

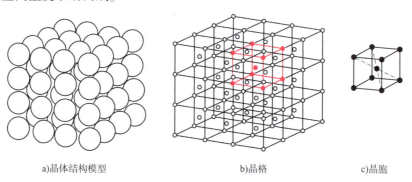

a) 晶体结构模型　　　　　　b) 晶格　　　　　　c) 晶胞

图 2-4　晶体中原子排列示意图

3 晶胞的几何特征

(1) 一个晶胞内的原子个数 n。晶胞原子个数是指一个晶胞内所包含的原子数目,由于晶体具有严格的对称性,故晶体可看成由许多晶胞堆砌而成,由于晶胞顶角处的原子为几个晶胞所共有,位于晶面上的原子同时属于两个相邻晶胞,只有在晶胞体积内的原子才单独为一个晶胞所有,因此,晶胞原子数可通过计算每个原子在晶胞中所占的分数,再进行相加获得。

(2)原子半径 r。如果将原子看作刚性球体,则晶胞中最邻近的原子中心距离的一半称为原子半径。

(3)致密度 K。致密度是指晶胞中原子本身所占的体积百分数,即晶胞中所包含的原子体积与晶胞体积的比值。一般把原子当作刚性球来看待,再算出一个晶胞中的原子数,原子半径和晶格常数之间的关系,即可计算出致密度 K。计算公式如下:

$$K = \frac{nv}{V}$$

式中:K——晶体的致密度;

n——一个晶胞实际包含的原子个数;

v——一个原子的体积;

V——晶胞的体积。

4 常见的金属晶格类型

在已知的 80 多种金属元素中,有 14 种结构。常见的金属晶格类型有体心立方晶格、面心立方晶格和密排六方晶格三种。

1)体心立方晶格

(1)结构特点。体心立方晶格的晶胞是一个立方体,原子位于立方体的八个顶角和立方体的中心,如图 2-5 所示。属于这种结构的金属有钨(W)、钼(Mo)、钒(V)、铌(Nb)、钽(Ta)及 α-铁(α-Fe)等 35 种。

a)晶体结构模型　　　　b)晶胞　　　　c)晶格

图 2-5　体心立方晶格

(2)原子个数 n。在体心立方晶格中,顶角上的原子为相邻的 8 个晶胞所共有,而体心的原子为其独有,故其原子个数为:

$$n = \frac{1}{8} \times 8 + 1 = 2$$

(3)原子半径 r。在体心立方晶格中,最邻近的原子在体心对角线上,此对角线的长度等于 4 个原子半径,设晶胞的晶格常数为 a,则体心立方晶格的原子半径为:

$$r = \frac{\sqrt{3}}{4}a$$

(4)致密度 K。体心立方晶格的晶胞中包含 2 个原子,原子半径为 $r = \frac{\sqrt{3}}{4}a$,其致密度为:

$$K = \frac{nv}{V} = \frac{2 \times \frac{4}{3}\pi \left(\frac{\sqrt{3}}{4}a\right)^3}{a^3} = 68\%$$

所以,在体心立方晶格中只有 68% 的体积为原子所占据,其余 32% 为间隙体积。晶体间隙体积的大小对金属形成合金时的溶解度和力学性能有很大影响。

2)面心立方晶格

(1)结构特点。面心立方晶格的晶胞是一个立方体形,原子位于立方体的八个顶角和立方体六个面的中心,如图2-6所示。属于这种结构的金属有金(Au)、银(Ag)、铜(Cu)、铝(Al)、铅(Pb)、镍(Ni)及γ-铁(γ-Fe)等21种。

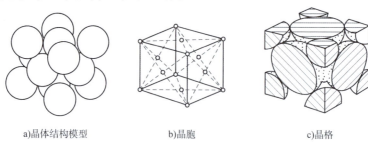

a)晶体结构模型　　b)晶胞　　c)晶格

图2-6　面心立方晶格

(2)原子个数 n。在面心立方晶格中,晶胞8个顶角上的每个原子为8个相邻的晶胞所共有,但6个面中心的原子则只属于相邻的2个晶胞,故其原子个数为:

$$n = \frac{1}{8} \times 8 + \frac{1}{2} \times 6 = 4$$

(3)原子半径 r。在面心立方晶格中,最邻近的原子在侧面对角线上,此对角线的长度等于4个原子半径,设晶胞的晶格常数为 a,则面心立方晶格的原子半径为:

$$r = \frac{\sqrt{2}}{4}a$$

(4)致密度 K。面心立方晶格的晶胞中包含4个原子,原子半径为 $r = \frac{\sqrt{2}}{4}a$,其致密度为:

$$K = \frac{nv}{V} = \frac{4 \times \frac{4}{3}\pi \left(\frac{\sqrt{2}}{4}a\right)^3}{a^3} = 74\%$$

所以,在面心立方晶格中有74%的体积为原子所占据,其余26%为间隙体积。

3)密排六方晶格

(1)结构特点。密排六方晶格的晶胞为正六棱柱,原子除排列于柱体的每个顶角和上、下两个底面的中心外,在正六棱柱的中心还有三个原子,如图2-7所示。属于这种结构的金属有镁(Mg)、铍(Be)、镉(Cd)、锌(Zn)等25种。

a)晶体结构模型　　b)晶胞　　c)晶格

图2-7　密排六方晶格

(2)原子个数 n。密排六方晶格的晶胞顶角上的原子为相邻的6个晶胞所共有,而上、下2个六边形面中心的原子为2个晶胞所共有,中间的3个原子为该晶胞所独有,故其原子个数为:

$$n = \frac{1}{6} \times 12 + \frac{1}{2} \times 2 + 3 = 6$$

(3)原子半径 r。在密排六方晶格中，其底面中心原子与周围 6 个顶点上的原子是相互接触的，因此其原子半径为：

$$r = \frac{1}{2}a$$

(4)致密度 K。密排六方晶格的晶胞中包含 6 个原子，原子半径为 $r = \frac{1}{2}a$，其致密度为：

$$K = \frac{nv}{V} = \frac{6 \times \frac{4}{3}\pi \left(\frac{1}{2}a\right)^3}{3\sqrt{2}a^3} \approx 74\%$$

所以，在密排六方晶格中有 74% 的体积为原子所占据，其余 26% 为间隙体积。

可以看出，在这三种常见的晶格结构中，原子排列最致密的是面心立方晶格和密排六方晶格，而体心立方晶格的致密度要小些。因此，当金属从一种晶格转变为另一种晶格时，将会引起体积和紧密程度的变化。若体积的变化受到约束，则会在金属内部产生内应力，从而引起工件的变形或开裂。

即使是相同原子构成的晶体，只要原子排列的晶格形式不同，它们之间的性能就会存在很大差别，如金刚石与石墨就是典型的例子。金刚石坚硬无比，而石墨质地非常软。这是因为金刚石中的碳原子交错整齐地排列成立方体结构，每个碳原子都紧密地与其他四个碳原子直接连接（图 2-8），构成一个牢固的结晶体。而石墨中的碳原子是成层排列的（图 2-9），原子间的结合力很小。

 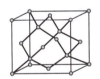 

图 2-8　金刚石及其晶体结构图　　　　　图 2-9　石墨及其晶体结构

任务 2　实际金属的多晶体结构

实际中使用的金属材料，即使是体积较小的材料，其内部也包含了许多颗粒状的小晶体，每个小晶体内部的晶格位向都基本一致，每个小晶体的外形呈不规则的颗粒状，称为晶粒。晶粒与晶粒之间的界面称为晶界。这种由许多晶粒组成的晶体就称为多晶体。一般金属材料都是多晶体，如图 2-10 所示，因此，实际金属材料的性能在各个方向上基本一致，显示各向同性。

这是因为实际金属材料是由许多方位不同的晶粒组成的多晶体结构，一个晶粒的各向异性在许多方位不同的晶体

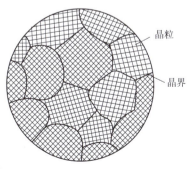

图 2-10　实际金属的多晶体结构

之间相互抵消了。

一、实际金属的晶体缺陷

实际金属具有多晶体结构,由于原子或分子无规则的热振动、相互干扰和结晶条件等原因,使得晶体内部出现某些原子排列不规则的区域,这些区域就称为晶体缺陷。随着缺陷数量的增加,强度先下降,而后又较平缓地上升。因此,金属的晶体缺陷对金属材料的性能影响很大,实际上对一般金属材料使用的强化方法,主要就是为增加其结构缺陷,因此,晶体缺陷在强度理论中也是重要的。

1. 点缺陷

在任何温度下,金属晶体中的原子都以其平衡位置为中心不停地做热振动,温度越高,原子的振幅就越大,当一些原子具有足够高的能量时,就能克服其周围原子的约束,脱离原来的平衡位置而迁移到别处,这时候原位置上就出现空位结点,这种空着的位置称为晶格空位;处于晶格间隙中的原子称为间隙原子;如果在基体原平衡位置上为异类原子,则称其为置换原子。

常见的点缺陷有晶格空位、间隙原子和置换原子三种,如图 2-11 所示。在晶体中由于点缺陷的存在,使得附近原子间作用力的平衡被破坏,使其周围的原子离开了原来的平衡位置,向缺陷处靠拢或撑开,造成晶格扭曲,这种现象称为晶格畸变,晶格畸变会使金属的强度和硬度提高。

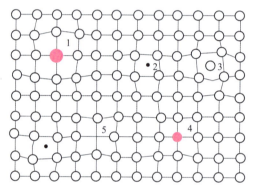

图 2-11 点缺陷
1-置换原子(大);2、3-间隙原子;4-置换原子(小);5-晶格空位

晶格空位和间隙原子的运动是金属原子扩散的主要形式之一,金属的固态相变和化学热处理过程均依赖于原子扩散。

2. 线缺陷

在实际晶体中,某处有一列或若干列原子发生有规律的错排现象,称为位错。位错是晶体中的线缺陷,从位错的几何结构来看,分为刃型位错、螺型位错两种类型。另外还有混合型位错。

(1) 刃型位错。刃型位错的结构如图 2-12 所示,为了便于理解,设只将晶体的上半部用刀劈开,然后再按原子的结合方式连接起来,由图 2-12 可知,结构的上半部受挤压,下半部受拉伸;而以中心的错动为最大,距中心越远,错动越小,直到恢复正常的位置。

因此,一个位错长度由晶前到晶后,宽度波及几个原子间距的区域,EF 线称为位错线,在位错线附近的晶格发生畸变,形成一个应力集中区。

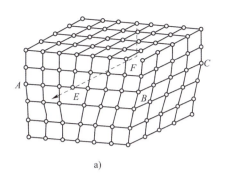 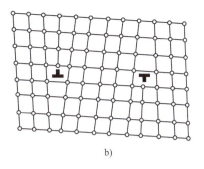

图2-12 刃型位错

一般位错在滑移面上边的称为正刃型位错,计为"⊥";而把多出在下边的称为负刃型位错,计为"⊤"。

(2)螺型位错。螺型位错的结构如图2-13所示,设立方晶体右侧受到切应力的作用,其右侧上、下两部分晶体沿滑移面发生错动,如图2-13a)所示。如果以位错线 bp 为轴线,从 a 开始,按顺时针方向依次连接此过渡区的各原子,则其走向与一个右螺旋线的前进方向一样,也就是位错线附近的原子是按螺旋形排列的,呈轴对称,因此这种位错称为螺型位错。从 a 循环到 p 大约走一个原子间距,如图2-13b)所示。

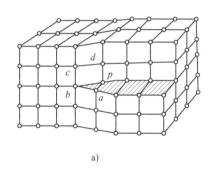 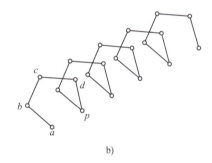

图2-13 螺型位错

金属晶体中的位错相当多,通常以通过单位面积上位错线的根数来衡量,称为位错密度。例如,在正常退火情况下,一般金属的位错密度为 $10^4 \sim 10^7$ 根/cm²,经过冷加工后可增至 $10^{12} \sim 10^{13}$ 根/cm²,而且位错的组态非常复杂。

位错的存在对金属材料的力学性能有很大影响,例如冷变形加工后的金属,由于位错密度的增加,强度明显提高。

晶体中的各种间隙原子及尺寸较大的置换原子,易于被吸引而跑到正刃性位错的下半部分或负刃型位错的上半部分聚集,如图2-14所示,因此,刃型位错往往总是携带着大量的溶质原子,形成所谓的"柯氏气团"。

 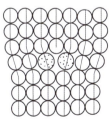

a)任意分布　　b)被吸附

图2-14 溶质原子在位错附近的分布

 面缺陷

严格地说,晶体界面包括外表面和内表面。外表面是指固体材料与气体或液体的分界面,内表面可分为晶粒边界和晶内的亚晶界、孪晶界、相界面等。多数晶体物质是由许多晶粒组成,属于同一固相但位向不同的晶粒之间的界面称为晶界,它是一种内界面;而每个晶粒有时又由若干个位向稍有差异的亚晶粒所组成,相邻亚晶粒的界面称为亚晶界。晶粒的平均直径通常为0.015~0.25mm,而亚晶粒的平均直径则通常为0.001mm。

面缺陷是指在两个方向上的尺寸很大,第三个方向上的尺寸很小而呈面状的缺陷,其主要形式就是各种类型的内界面。如图2-15所示,根据相邻晶粒之间位向差大小的不同,可分为以下两类。

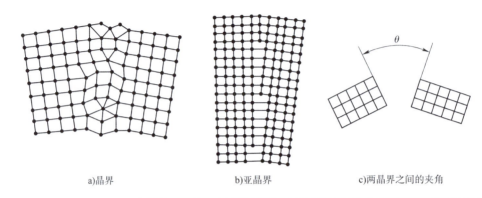

a)晶界　　　　　　　b)亚晶界　　　　　　c)两晶界之间的夹角

图2-15　晶界及亚晶界

(1) 小角度晶界。相邻的位向差小于10°,亚晶界均属小角度晶界,它们由位错组成。

(2) 大角度晶界。相邻的位向差大于10°,多晶体中的晶界大都属于此类。大角度晶界的结构不如小角度晶界那样明确,结构复杂,原子排列也不规则,晶界处存在较多的缺陷,如空穴、杂质原子等。

二　晶界的特性

晶界具有不同于晶粒内部的一些特性,具体表现在以下几个方面。

(1) 晶界处存在较多的缺陷,如空穴、杂质原子、位错等,故晶界处原子的扩散速度比在晶内快。

(2) 晶界的存在,使得晶格处于畸变状态,在常温下对金属材料的塑性变形起阻碍作用,因此,金属材料的晶粒愈细,则晶界愈多,对塑性变形的阻碍作用就愈大,金属的强度硬度就愈高。

(3) 由于成分偏析等现象,特别是在晶界富集杂质原子的情况下,往往晶界处的熔点较低,故在加热过程中因温度过高将引起晶界的熔化和氧化,导致"过热"现象的产生。

(4) 由于晶界上的原子排列不规则,有畸变,晶界能量较高,与晶内相比,晶界的腐蚀或氧化速度一般较快。

任务3　合金的晶体结构

一　合金的基本概念

实际上,金属材料的发展史就是合金研制和应用的历史,纯金属只是在现代科技的发展下才获得较大规模的生产和应用,但所谓的纯,也只是相对意义的。通常根据纯度的不同分为工业纯金属和化学纯金属两类,现代科学技术已经能制造出纯度高达 99.999% 以上的纯金属,然而无论纯度如何高,总或多或少地含有其他微量杂质元素。

纯金属虽然具有优良的物理化学性能和美丽的金属光泽,但其生产成本较高,更主要的是纯金属在力学性能上很难满足工程结构或零部件的使用要求。所以,在实际工程中应用最广泛的金属材料是合金。

❶ 合金

合金指两种或两种以上的金属元素,或金属与非金属元素组成的具有金属特性的物质。如铝合金是工业中应用最广泛的一类有色金属结构材料,它是以铝为基的合金总称。主要合金元素有铜、硅、镁、锌、锰,次要合金元素有镍、铁、钛、铬、锂等。铸铁是主要由 Fe、C 和 Si 等组成的合金的总称。

❷ 组元

组元指组成合金的独立的最基本单元。组元可以是元素或是稳定化合物。根据组元的多少,合金可分为二元合金、三元合金和多元合金。如铁碳合金就是由铁和碳两个组元组成的二元合金。Mg-Si 二元合金中的 Mg_2Si 组元便是稳定化合物。

❸ 合金系

合金系由若干给定组元可以按不同比例配制成一系列成分不同的合金,构成一个合金系统,简称合金系。如 Fe-C 二元合金系、Al-Cu-Mg 三元合金系。

❹ 相

具有相同结构、相同成分和性能(也可以是连续变化的)并以界面相互分开的均匀组成部分。如液相、固相、气相是三种不同的相,在一个标准大气压下,水的凝固点是 0℃,在凝固点以下水会结晶为冰(固相),0℃ 的水处于冰水混合物状态(液相与固相共存)。0℃ 以上的水是液相,而 100℃ 的水变为水蒸气(气相)。

❺ 组织

组织是用肉眼或显微镜观察到的材料内部形貌图像的统称(图 2-16、图 2-17)。组织是影响材料性能的重要因素。

图 2-16 钢中的渗碳体组织图

图 2-17 铸铁中的石墨组织

合金的性能由其组织决定,而合金的组织由相组成。相是组织的基本单元,组织是相的综合体。

二、固溶体

1. 固溶体的结构

合金的组元间以不同的比例相互混合,混合后形成的晶体结构与某一组元的晶体结构相同,这种相就是固溶体。与固溶体晶格相同的组元叫溶剂,一般在合金中含量较多;其他的组元叫溶质,一般含量较少。固溶体的晶体结构保持溶剂的晶体结构,而溶质原子分布在溶剂晶格之中。固溶体一般用 α、β、γ 等符号表示。

2. 固溶体的分类

(1) 按溶质原子在溶剂晶格中所占位置的不同,固溶体分为置换固溶体与间隙固溶体两种。

置换固溶体是指溶剂晶格结点上的部分原子被溶质原子所取代的固溶体(图2-18)。原子尺寸差别较小的金属元素彼此之间一般都能形成置换固溶体,如 Cu-Zn、Cu-Ni 等。

间隙固溶体是指溶质原子不占据溶剂晶格的正常结点位置,而是填充在溶剂晶格的某些间隙位置而形成的固溶体(图2-19)。由于溶剂晶格间隙有限,所以间隙固溶体能溶解的溶质原子的数量也是有限的。由于溶剂晶格间隙尺寸很小,因此,能形成间隙固溶体的溶质原子通常是原子半径小于 0.1nm 的一些非金属元素,如 C、N 溶于 Fe 中形成固溶体。

图2-18 置换固溶体

图2-19 间隙固溶体

(2) 按溶质原子在溶剂中溶解度的不同,固溶体可分为有限固溶体和无限固溶体两种。

溶质在溶剂中的溶解度主要取决于组元间的晶格类型、原子半径和原子结构。实践证明,大多数合金都只能有限固溶,且溶解度随着温度的升高而增加。只有当两组元晶格类型相同、原子半径相差很小时,才可以无限互溶,形成无限固溶体。例如,Cu-Ni 可以形成无限固溶体,而 Cu-Zn 只能形成有限固溶体,这是因为 Cu 属于面心立方晶格,其原子半径为 0.128nm,Ni 也属于面心立方晶格,其原子半径为 0.125nm,Cu 与 Ni 晶格类型相同、原子半径相差很小,而 Zn 属于密排六方晶格,其原子半径为 0.137nm,与 Cu 晶格类型不同、原子半径相差也较大。

(3) 按溶质原子在固溶体中分布有无规律,固溶体分为无序固溶体和有序固溶体两种。

在一定条件(如成分、温度等)下,一些合金的无序固溶体可转变为有序固溶体,这种转变叫作有序化。例如,对于具有相同原子数的 Cu-Zn 合金,在 460℃ 以上为体心立方的无序结构,即两种原子占据任一阵点的概率相同;当温度降到 460℃ 时,则开始有较多的 Zn 原子占据了体心的位置,称部分有序;而当温度更低时,则所有的 Zn 原子全部占据了体心位置,成为简单立方的有序结构。

3 固溶体的性能

(1) 固溶强化。当溶质元素含量很少时,固溶体性能与溶剂金属性能基本相同。但随溶质元素含量的增多,会使金属的强度和硬度升高,而塑性和韧性有所下降,这种现象称为固溶强化。置换固溶体和间隙固溶体都会产生固溶强化现象。

适当控制溶质含量,可明显提高强度和硬度,同时仍能保证足够高的塑性和韧性,所以说固溶体一般具有较好的综合力学性能。因此,对于有综合力学性能要求的结构材料,几乎都以固溶体作为基本相。这就是固溶强化成为一种重要强化方法,并在工业生产中得以广泛应用的原因。

(2) 固溶度。固溶度是指金属在固体状态下的溶解度,合金元素要溶解在固态的钢中,前提是将钢加热到奥氏体后,奥氏体晶格间的间隙较大,能够溶解更多的合金元素。

(3) 固溶热处理。将合金加热至高温单相区恒温保持,使过剩相充分快速冷却,以得到过饱和固溶体的热处理工艺。

(4) 固溶体的物理性能。随着溶质原子的溶入,金属的电阻值升高,而且固溶体的电阻值与温度关系不大,工程上应用的精密电阻和电热材料等都广泛应用固溶体合金,如热处理炉用的 Fe-Cr-Al 和 Cr-Ni 电阻丝等都是固溶体合金。

三 金属化合物

1 金属化合物的结构及分类

各种元素发生相互作用而形成一种具有金属特性的物质称为金属化合物。金属化合物的组成一般可用化学式表示。金属化合物的晶格类型不同于任一组元,一般具有复杂的晶格结构。其性能特点是熔点高、硬度高、脆性大。当合金中出现金属化合物时,通常能提高合金的硬度和耐磨性,但塑性和韧性会降低。金属化合物是许多合金的重要组成相。

当形成合金的元素其电子层结构、原子半径和晶体类型相差较大时,易形成金属化合物。金属化合物的晶体类型不同于它的分组金属,自成新相。金属化合物的种类很多,其晶格类型有简单的,也有复杂的,根据化合物结构的特点,可以分为正常价化合物、电子化合物、间隙化合物。

2 金属化合物的性能

金属化合物的熔点高、硬而脆,很少单独使用。在合金中常作为强化相存在,是许多合金钢、非铁金属和硬质合金的重要组成相。当一定数量的金属化合物以细小颗粒状均匀分布在固溶体基体上时,能显著提高合金的强度和硬度,这种现象称为第二相强化。

四 合金的组织类型

合金的组织类型一般分为单相固溶体型和机械混合物型。

单相固溶体是指合金的组织全部由一种固溶体相组成,工业上使用的合金大都为单相固溶体或以固溶体为基体的多相合金。

机械混合物是指由两种或以上的互不相溶晶体结构(纯金属、固溶体或化合物)机械地混合而形成的显微组织。机械混合物的性能主要取决于组成它的各组成物的性能及其数量、形状、大小和分布情况。一般组织中固溶体相的数量多,作为基体存在;而金属化合物的数量较少,以一定的形态分布于基体中。

大多数合金的组织都属于机械混合物型,通过调整固溶体中溶质的含量和金属化合物的数量、大小、形态及分布状况,可以使合金的力学性能在较大范围内变动,以满足工程上不同的使用要求。

任务4 金属的结晶

一、纯金属的结晶

所有通过冶炼和铸造而得到的金属材料必然要经历从液态经冷却转变为固态的凝固过程,凝固过程包括晶体或晶粒的生成和长大的过程,也就是原子由不规则排列的液体状态逐步过渡到原子做规则排列的晶体状态的过程,这一过程称为结晶过程。研究金属由液态转化为固态的结晶过程,可知其实质是物质内部原子重新排列的过程,即从液态的不规则排列转变为固态的规则排列。广义上讲,物质从一种原子排列状态(晶态或非晶态)过渡为另一种原子规则排列状态(晶态)的转变过程称为结晶。为区别起见,将物质从液态转变为固体晶态的过程称为一次结晶,而物质从一种固体晶态过渡为另一种固体晶态的转变称为二次结晶。研究金属结晶过程的基本规律,对改善金属材料的组织和性能,都具有重要的意义。

(1)液态金属结构——近程有序和远程有序。

固体材料的结构在原子、分子范围内规则排列称为近程有序。远程有序(长程有序)的长程具有周期性,即在短程看来无序的原子排列在长程范围内则是在三维空间的重复排列。

(2)结晶的定义。

从状态上看,结晶是指金属从液态向固态过度时晶体形成的过程,一般称为一次结晶。从金属学的观点来讲,结晶则是指物质的结构从近程有序向远程有序过渡的过程。

(3)纯金属的冷却曲线和过冷现象。

纯金属都有一个固定的结晶温度(或称凝固点),所以纯金属的结晶过程总是在一个恒定的温度下进行的。金属的结晶温度可用热分析试验法来测定。热分析试验的装置如图2-20所示。把熔融的金属液体放在一个散热缓慢的容器中,让金属液体以极其缓慢的速度进行冷却,同时记录其温度随时间的变化,并作出温度—时间关系曲线,即冷却曲线。纯金属的冷却曲线,如图2-21所示。

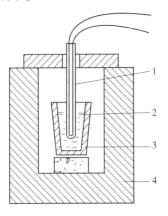

图2-20 热分析试验装置示意图
1-热电偶;2-金属液;3-坩埚;4-电炉

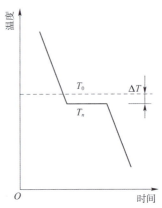

图2-21 纯金属的冷却曲线

从冷却曲线可以看出,在冷却曲线上出现了一个平台,这个平台所对应的温度就是纯金属进行结晶的温度。金属结晶在恒温下进行。这说明该时间段内,金属内部有热量释放,从而弥补了向外散失的热量,这个热量称为结晶潜热。由于金属在结晶过程中会释放结晶潜热,补偿了向外界散失的热量,使温度并不随时间增长而下降,因而在冷却曲线上出现了平台。直至金属结晶终了,温度又继续下降。

纯金属在无限缓慢的冷却条件下(即平衡条件下)冷却,所测得的结晶温度称为理论结晶温度,用符号 T_0 表示。在 T_0 温度,晶体与液体处于平衡状态。实际情况下,由于冷却速度较快,金属液总是在理论结晶温度 T_0 以下的某一温度 T_n 才开始结晶,T_n 称为实际结晶温度。实际结晶温度 T_n 低于理论结晶温度 T_0 的现象称为过冷现象。理论结晶温度 T_0 与实际结晶温度 T_n 的差值 ΔT 称为过冷度。金属结晶时的冷却速度越快,过冷度越大。过冷是金属结晶的必要条件。

纯金属结晶时的 ΔT 大小与金属本质、纯度和冷却速度等有关,可以在很大的范围内变化。试验表明,液态金属的纯度低,ΔT 小;冷却速度慢,ΔT 小。

二 纯金属的结晶过程

由于金属是不透明的,无法直接观察到其结晶的微观过程,但通过对透明有机物结晶过程的观察,可以发现金属结晶的微观过程,这就是原子由液态的短程有序逐渐向固态的长程有序转变的过程。当温度低于 T_0 时,液态金属内部某一瞬间存在的尺寸最大的短程有序原子集团(晶胚),可能获得足够的能量稳定存在并逐步成为长程有序的小晶体,该小晶体称为晶核,此过程称为形核。晶核一旦形成就可以不断地长大,同时其他晶胚又可以形成新的晶核,并不断长大。

纯金属的结晶过程是在冷却曲线上平台所经历的这段时间内发生的。它是不断形成晶核和晶核不断长大的交替重叠进行的过程,如图2-22所示。

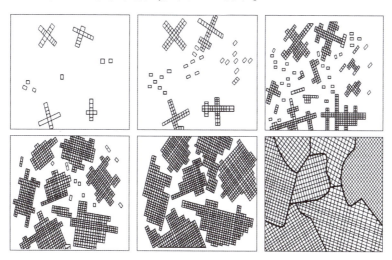

图2-22 金属结晶过程示意图

在晶核长大的初期,其外形是比较规则的。随着晶核的长大和晶体棱角的形成,由于棱边和尖角处的散热条件优越,晶粒在棱边和尖角处就优先长大,如图2-23所示。晶体的这种生长方式就像树枝一样,先长出干枝,然后再长出分枝,因此,所得到的晶体称为树枝状晶体,简称为枝晶。

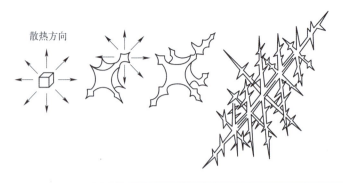

图 2-23　晶体长大示意图

晶体在长大的过程中,由于金属液流动等原因而发生枝晶晶轴之间的相对转动,产生晶格位向差,于是在晶粒内部就形成了亚晶粒。

三　形核与长大

金属结晶是液态金属原子规则排列的过程,这个过程不可能在一瞬间完成,而是分两个步骤进行:晶核的形成和晶核的长大。液态金属在结晶时,其形核方式有两种:均质形核(对称自发形核)和异质形核(又称非自发形核)。

(1) 均质形核。均质形核是纯净的过冷液态金属依靠自身原子的规则排列形成晶核的过程。其具体过程是液态金属过冷到某一温度时,其内部尺寸较大的近程有序原子集团达到某一临界尺寸后成为晶核。

形核速度的快慢用晶核形成率 N 表示,它是单位时间内单位体中形成的晶核数目,它与过冷度即结晶驱动力大小有关,还与原子活动能力(扩散迁移能力)有关。

由于过冷提供了结晶的驱动力,但晶核形成后会产生新的液固界面,使体系内能升高,所以并不是一有过冷就能形核,而是要达到一定的过冷度后,才能形核。即晶核形成率 N 受两个相互制约因素的控制。ΔT 大,结晶驱动力大,但温度低,原子活动能力小,也难以形成晶核,晶核形成率也小。

(2) 异质形核(非自发形核)。当晶核不是完全在液体自身内部产生,而是靠依附于模壁或液相中未熔固相质点表面,优先形成晶核,称为非自发形核,实际结晶之所以能够在很小的过冷度下进行,就是由于非自发形核的结果。

实际液态金属中总是或多或少地存在着未熔固体杂质,而且在浇注时液态金属总是要与模壁接触,因此实际液态金属结晶时,首先以异质形核方式形核。

金属结晶时自发形核有限且很少,因此生产中特意向液态金属中加入一些杂质,增加晶核形成率。

四　金属结晶后的晶粒大小及控制

1　晶粒大小对金属材料性能的影响

晶粒的大小称为晶粒度,通常用晶粒的平均面积或平均直径来表示。金属结晶时每个晶粒都是由一个晶核长大而成,其晶粒度取决于晶核形成率 N 和长大速度 G 的相对大小。若晶核形成率越大,而长大速度越慢,单位体积中晶核数目越多,每个晶核的长大空间越小,也来不及充分长大,长成的晶粒就越细小;反之,若晶核形成率越小,而长大速度越快,则晶粒越粗化。

晶粒大小对金属性能有重要的影响。在常温下晶粒越小,金属的强度、硬度越高,塑性、韧性越好。多数情况下,工程上希望通过使金属材料的晶粒细化而提高金属的力学性能。这种用细化晶粒来提高材料强度的方法,称为细晶强化。

金属结晶后的晶粒大小可用单位体积内的晶粒数目来表示。实验证明,在常温下细晶粒金属的力学性能比粗晶粒金属高。晶粒大小对纯铁力学性能的影响见表 2-1。

晶粒大小对纯铁力学性能的影响　　　　　表 2-1

晶粒平均直径(μm)	抗拉强度(MPa)	伸长率(%)
97	168	28.8
70	184	30.6
25	215	39.5
2	268	48.8
1.6	270	50.7
1	284	50

2 细化晶粒的方法

(1)增加过冷度。晶核形成率 N 与晶核的长大速度 G 一般都随过冷度 ΔT 的增大而增大,但两者的增长速率不同,晶核形成率的增长率高于晶核长大速度的增长率,如图 2-24 所示,故增加过冷度可提高晶核形成率,有利于晶粒细化。提高液态金属的冷却速度,可增大过冷度,有效地提高晶核形成率。在铸造中,为了提高铸件的冷却速度,可以采用提高铸型吸热能力和导热性能等措施;也可以采用降低浇铸温度、慢浇铸等。快冷方法一般只适用于小件或薄件,大件难以达到大的过冷度。

若在液态金属冷却时采用极大的过冷度,例如使冷却速度大于 10^7 ℃/s,可使某些金属凝固时来不及形核而使液态金属的原子排列状态保留到室温,得到非晶态材料,也称为金属玻璃。

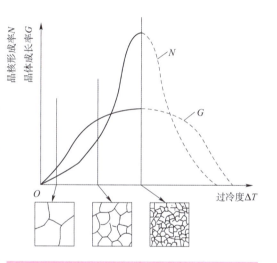

图 2-24　过冷度对晶粒大小的影响

(2)变质处理。实际生产中,当金属的体积较大,获得大的过冷度较困难;或形状结构复杂,不允许采取较大的冷却速度,这时要细化晶粒,多采用变质处理。

变质处理就是向液态金属中加入某种化学元素或化合物(变质剂),变质剂增加了非均质形核的晶核数或者阻碍晶核的长大,以达到细化晶粒和改善组织的目的。变质剂的作用分为两类:例如,在铝合金液体中加入钛、锆等元素或在钢水中加入钛、钒、铝等元素或在铁水中加入硅铁、硅钙等合金时,这样都能大大增加晶核的数目,使晶粒细化,这类变质剂有时又称为孕育剂;有些变质剂,虽不能提供结晶核心,但能阻止晶粒的长大,例如,在铝硅合金中加入钠盐,钠能富集在硅的表面,降低硅的长大速度,阻碍粗大的硅晶体的形成,而使合金的晶粒细化。

(3)振动处理。金属结晶时,对结晶过程中的液态金属输入一定频率的振动波,形成的对流会使成长中的树枝晶臂折断,显著提高晶核形成率,达到细化晶粒的目的。常用的振动方法有机械振动、超声波振动、电磁搅拌等。目前,钢的连铸中,电磁搅拌已成为控制凝固组织的重要技术手段。

小结

本项目主要介绍了以下内容:
(1)为了便于研究和学习晶体结构,首先把实际晶体简化为理想晶体,并采用钢球模型,再把理想晶体抽象为空间点阵、晶格和晶胞。
(2)金属的典型晶体结构有体心立方晶格、面心立方晶格和密排六方晶格三种。
(3)相是组成合金的基本单元,组织则是合金中各种相的综合体。
(4)合金中的相可分为固溶体和金属化合物两大类,它们的种类和性能对合金的性能有重要影响。合金的组织类型一般分为单相固溶体型和机械混合物型两种。
(5)金属的结晶与材料组织和性能之间的关系。
(6)金属结晶后的晶粒大小及细化晶粒的方法。

思考与练习

一、名词解释

晶体,晶体结构,晶格,晶胞,致密度,单晶体,多晶体,置换固溶体,间隙固溶体,相,组织,位错,晶界,亚晶界,过冷,过冷度。

二、填空题

1. 晶体与非晶体的根本区别在于_____。
2. 用于描述原子在晶体中排列方式的空间几何格子称为_____,常见的金属晶格有_____、_____和_____;金属Cu、Al、γ-Fe等金属的晶格类型为_____,α-Fe、Cr、W等金属的晶格类型为_____。
3. 金属晶格的基本类型有_____、_____与_____三种。
4. 实际金属的晶体结构存在有_____、_____和_____3种缺陷;位错是_____缺陷。实际晶体的强度比理想晶体的强度_____得多。
5. 将种类繁多的晶体结构进行抽象,把实际存在的物质质点抽象为纯粹的几何点,这样的几何点称为阵点,阵点在空间的周期性排列称为_____。
6. 实际金属的结晶温度总是低于_____结晶温度,这种现象称为过冷现象,一般情况下金属的冷却速度越快,过冷度越_____,结晶后的晶粒越_____,金属的强度越_____,塑性和韧性越_____。
7. 合金的相结构分为_____与_____两种。
8. 合金的组织类型一般分为两种,即_____与_____。
9. 如果位错是一种线性的晶体缺陷,那么_____便是二维的晶体缺陷。
10. 固溶体的晶体结构与_____的晶体结构相同。
11. 常用细化晶粒的方法有_____、_____和_____。
12. 金属结晶的过程是一个_____和_____的过程。
13. 在常温下晶粒尺寸越细小,金属的力学性能_____。
14. 实际生产中金属的冷却速度越快,过冷度_____,其实际结晶温度越低。

15. 金属结晶时,晶体的长大方式一般为_____。
16. 变质处理时,变质剂的作用是_____。

三、选择题

1. 铝、铜、金的晶体结构为(　　)。
   A. 体心立方晶格　　　　　　　B. 面心立方晶格
   C. 密排六方晶格　　　　　　　D. 三者不同
2. 体心立方晶格的原子个数为(　　)。
   A. 4个　　　　B. 3个　　　　C. 2个　　　　D. 1个
3. 面心立方晶格的致密度为(　　)。
   A. 0.68　　　　B. 0.74　　　　C. 0.80　　　　D. 1.0
4. 金属的同素异构转变可以改变(　　)。
   A. 化学成分　　B. 晶粒形状　　C. 晶粒大小　　D. 晶体结构
5. 间隙固溶体的溶解度一定是(　　)。
   A. 无限的　　　B. 有限的　　　C. 无法确定
6. 合金固溶强化的主要原因是(　　)。
   A. 晶格类型发生了变化　　　　B. 晶粒细化
   C. 晶格发生了畸变
7. 金属化合物间的性能特点是(　　)。
   A. 熔点高、硬度低　　　　　　B. 熔点高、硬度高
   C. 熔点低、硬度高
8. 在合金组织中可以单独使用的相是(　　)。
   A. 固溶体　　　B. 金属化合物　　C. 二者都可以
9. 下列情况中存在各向异性的是(　　)。
   A. 单晶体　　　　　　　　　　B. 多晶体
   C. 单晶体、多晶体中都存在　　D. 单晶体、多晶体中都不存在
10. 18K黄金的硬度(　　)24K黄金。
    A. 低于　　　　B. 高于　　　　C. 不确定
11. 晶体中的位错属于(　　)。
    A. 体缺陷　　　B. 点缺陷　　　C. 面缺陷　　　D. 线缺陷
12. 多晶体具有(　　)。
    A. 各向同性　　B. 各向异性　　C. 伪各向同性　　D. 伪各向异性
13. 液态金属结晶的基本过程是(　　)。
    A. 边形核边长大　　　　　　　B. 先形核后长大
    C. 自发形核和非自发形核　　　D. 枝晶生长
14. 金属的实际结晶温度总是(　　)理论结晶温度。
    A. 等于　　　　B. 高于　　　　C. 低于　　　　D. 不能确定
15. 金属的冷却速度越快,过冷度(　　)。
    A. 越大　　　　B. 越小　　　　C. 不变
16. 纯金属结晶时,冷却速度越快,则实际结晶温度将(　　)。
    A. 越高　　　　　　　　　　　B. 越低

    C. 越接近理论结晶温度   D. 没有变化

17. 固溶体的晶体结构是（　　）。
    A. 溶剂的晶格类型   B. 溶质的晶格类型
    C. 复杂晶格类型   D. 其他晶格类型

18. 金属化合物的特点是（　　）。
    A. 高塑性   B. 高韧性   C. 高硬度   D. 高强度

四、判断题

1. 金属材料的力学性能差异是由其内部组织结构决定的。（　　）
2. 固态金属都是晶体。（　　）
3. 只有一个晶粒组成的晶体称为单晶体。（　　）
4. 单晶体具有各向异性的特点。（　　）
5. 元素相同而结构不同的金属晶体就是同素异构体。（　　）
6. 晶粒间交接的地方称为晶界。（　　）
7. 即使相同原子构成的晶体，只要原子排列方式不同，则它们之间的性能就会存在很大的差别。（　　）
8. 面缺陷有晶界和亚晶界两大类。（　　）
9. 金属化合物的性能特点是熔点高、硬而脆。（　　）
10. 金属晶界处的熔点和耐蚀性均高于晶粒内部。（　　）
11. 纯金属的结晶过程是一个恒温过程。（　　）
12. 实际金属的晶体结构不仅是多晶体，而且还存在着多种缺陷。（　　）

五、简答题

1. 金、银、铜、铁、铝、锌、镁等元素分别属于什么晶格类型？
2. 实际金属晶体中存在哪些晶体缺陷？它们对金属的性能有什么影响？
3. 什么是过冷度？影响过冷度的主要因素是什么？
4. 过冷度与金属的纯度及金属熔液的冷却速度有什么关系？
5. 晶粒大小对金属的力学性能有何影响？如何细化晶粒？

项目 3

金属的塑性变形与再结晶

知识目标

1. 了解金属塑性变形的方式和机理,掌握金属塑性变形后组织和性能的变化;
2. 熟悉金属冷、热变形加工的区别;
3. 掌握冷变形后金属在加热时组织和性能的变化。

技能目标

1. 能够掌握再结晶的基本概念;
2. 能够分析冷加工和热加工对金属组织和性能的不同影响;
3. 能够利用所学知识解决生产中的有关技术问题。

素养目标

1. 培养学生团队合作精神和沟通能力;
2. 培养学生坚持打铁必须自身硬的道理,增强学生对党的创新理论的政治认同、思想认同和情感认同。

概　　述

在机械制造业中,许多金属制品都是通过对金属铸锭进行压力加工获得的。压力加工是对金属施加外力,使其产生塑性变形,改变形状和尺寸,用以制造毛坯、工件或机械零件的成型加工方法,在生产中称为锻压,即锻造与冲压的总称。常见的金属压力加工方法有轧制、挤压、拉拔、锻造、冲压等,如图 3-1 所示。

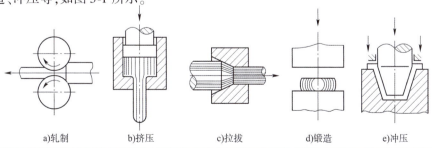

a)轧制　　b)挤压　　c)拉拔　　d)锻造　　e)冲压

图 3-1　压力加工方法示意图

任务1　金属的塑性变形

金属材料在载荷(外力)的作用下,首先发生弹性变形,当载荷增加到一定值后,除了发生弹性变形外,还发生塑性变形,即弹塑性变形。继续增加载荷,塑性变形也将逐渐增大,直至金属发生断裂。金属在外力作用下的变形可分为弹性变形、塑性变形和断裂三个连续的阶段。

弹性变形的本质是外力克服了原子间的作用力,使原子间距发生改变。当外力消除后,原子间的作用力又使它们回到原来的平衡位置,使金属恢复到原来的形状,金属产生弹性变形后,其组织和性能不发生改变,所以不能用于成型加工。只有塑性变形才是永久变形,才能用于成型加工。金属的塑性变形过程比弹性变形复杂,而且塑性变形后金属的组织及性能发生了改变。金属的塑性变形可分为冷塑性变形和热塑性变形两部分。为了解多晶体金属材料的塑性变形过程,需要先理解单晶体塑性变形的原理。

一、单晶体的塑性变形

实际金属材料都为多晶体,要说明多晶体的塑性变形,必须先了解单晶体的塑性变形。

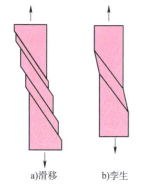

图 3-2　塑性变形的形式
a)滑移　b)孪生

单晶体受力后,外力在任何晶面上都可分解为正应力和切应力。正应力仅使晶格产生弹性变形,当超过原子间结合力时,晶体被拉断。切应力使晶格产生弹性歪扭,在超过滑移抗力时引起滑移面两侧的晶体发生相对滑动。实验证明,在正应力作用下,金属单晶体只能产生弹性变形,并直接过渡到脆性断裂,只有在切应力作用下才会产生塑性变形。金属单晶体塑性变形的形式分为"滑移"与"孪生"两种,但主要是以滑移的方式进行的,即晶体的两部分之间沿一定晶面(滑移面)和晶向(滑移方向)发生的相对滑动,如图3-2所示。

研究表明,晶体滑移时,并不是一部分相对于另一部分沿滑移面做整体移动。实际上滑移是借助于晶体中位错的移动来进行的,如图3-3所示。

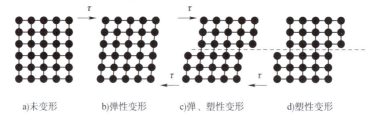

a)未变形　　b)弹性变形　　c)弹、塑性变形　　d)塑性变形

图 3-3　晶体在切应力作用下的变形

1 滑移变形的特点

(1)滑移是沿原子排列最密集的晶面及原子排列最密集的方向进行。晶体上的滑移带分布是不均匀的,即塑性变形时,位错只沿一定的晶面和一定的晶向移动(并不是沿所有的晶面和晶向都能移动),这些一定的晶面和晶向分别称为滑移面和滑移方向,并且这些晶面和晶向都是晶体中的密排面和密排方向(图3-4)。因为密排面之间和密排方向之间的原子间距最大,其原子之间的结合力最弱,原子密度最大的晶面和晶向之间原子间距最大,结合力最弱,产

生滑移所需切应力最小,所以在外力作用下最易引起相对滑动。金属的晶体结构不同,滑移面和滑移方向的数量不同,所以金属的塑性存在着差异。

不同金属的晶体结构不同,其滑移面和滑移方向的数目和位向不同,一个滑移面和在这个滑移面上的一个滑移方向组成一个"滑移系",所以不同晶体结构的金属,其滑移系的数目不同,滑移系越多,金属发生滑移的可能性越大,塑性也越好,反之滑移系的数目越少,塑性越差。由表3-1可知,体心立方晶格和面心立方晶格都具有12个滑移系,密排六方晶格具有3个滑移系,因此,密排六方晶格的塑性最差。滑移方向对塑性的贡献比滑移面更大,即滑移系的数目相同时,滑移方向数越多,越易滑移,塑性越好。体心立方晶格具有2个滑移方向,面心立方晶格具有3个滑移方向,可知面心立方晶格的塑性好于体心立方晶格。对于金属的塑性,面心立方晶格好于体心立方晶格,体心立方晶格好于密排六方晶格。

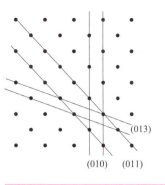

图3-4 密排面和密排方向

三种典型金属晶格的滑移系　　　　　表3-1

晶格类型	体心立方晶格	面心立方晶格	密排六方晶格
滑移面	{110} 6个	{111} 4个	{001} 1个
滑移方向	<111> 2个	<110> 3个	<112> 3个
滑移系数目	6×2=12	4×3=12	1×3=3

(2)滑移时,晶体两部分的相对位移量是原子间距的整数倍。滑移的结果在晶体表面形成台阶,称滑移线,若干条滑移线组成一个滑移带。如果将一个单晶体金属试样表面抛光后,经过伸长变形,再在光学显微镜下观察,可以看到试样表面出现许多条纹,这些条纹就是晶体在切应力的作用下,一部分相对于另一部分沿着一定的晶面(滑移面)和一定的晶向(滑移方向)滑移产生的台阶,这些条纹称为"滑移线"。在更高倍的电子显微镜下观察,一个滑移台阶实际上是一束滑移线群的集合体,称为"滑移带",如图3-5所示。同时还能看到滑移带在晶体上的分布是不均匀的。

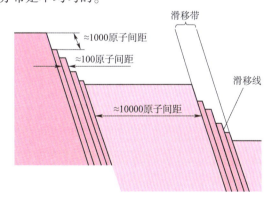
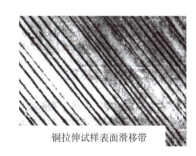

铜拉伸试样表面滑移带

图3-5 滑移线和滑移带

单晶体变形时,滑移只在晶体内有限的晶面上进行,是不均匀的。因此,单晶体金属的塑性变形在表面上看出现了一系列的滑移带,其塑性变形就是众多大小不同的滑移带的综合效果在宏观上的体现。

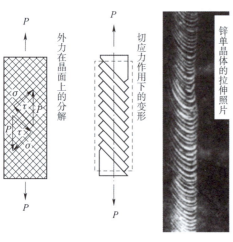

图3-6 单晶体金属的塑性变形

(3)滑移的同时伴随着晶体的转动。研究表明,只有与外力45°角取向的滑移系,才具有较大的切应力,这样的滑移系在外力作用下易于优先产生滑移。因此,与拉力呈45°角的滑移面上最先产生滑移,随着晶面的转动,该滑移面上的滑移逐渐停止,原来处于其他位向的滑移面转到了与拉力呈45°角的方向上而参与滑移。这样,晶体中的滑移有可能在更多的滑移面上进行,结果使晶体均匀地变形,如图3-6所示。

当滑移面、滑移方向与外力方向都呈45°角时,滑移方向上切应力最大,因而最容易发生滑移。有利的滑移位向称为软取向;远离45°角的滑移系称为硬取向。滑移后,滑移面两侧晶体的位向关系未发生变化。

在滑移过程中,由于晶体的转动,晶体的位向会发生变化,由原来处于软取向的滑移系逐渐转向硬取向,使滑移困难的现象称为取向硬化。由原来的硬取向的滑移系逐步趋于软取向,使滑移易于进行的现象称为取向软化。在滑移过程中,取向硬化与取向软化是同时进行的。

2 滑移的机理

滑移是通过滑移面上位错的运动来实现的。晶体的塑性变形是晶体内相邻部分滑移的综合表现。晶体内相邻两部分之间的相对滑移,不是滑移面两侧晶体之间的整体刚性滑动,而是由于晶体内存在位错,因位错线两侧的原子偏离了平衡位置,这些原子有力求达到平衡的趋势。当晶体受外力作用时,位错(即刃型位错)将垂直于受力方向,沿着一定的晶面和一定的晶向一格一格地逐步移动到晶体的表面,形成个原子间距的滑移量,如图3-7所示。一个滑移带就是上百个或更多位错移动到晶体表面所形成的台阶,如图3-5所示。

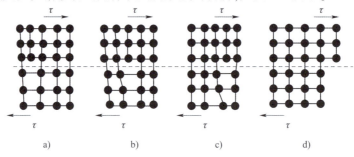

图3-7 通过位错运动产生滑移的示意图

滑移的产生条件是:晶体中存在一定数量的位错,而且位错能够在外力作用下产生移动。同理,阻碍位错的移动就可以阻碍滑移的进行,从而阻碍金属的塑性变形,提高塑性变形的抗力,使强度提高。金属材料的各种强化方式(固溶强化、加工硬化、晶粒细化、弥散强化、淬火强化)都是以此为理论基础的。

3 孪生变形

单晶体金属的另一种塑性变形方式是孪生。孪生是指在切应力作用下,晶体的一部分相对于另一部分沿一定的晶面(孪晶面)及晶向(孪生方向)产生剪切变形,如图3-8所示。孪生变形与滑移变形的区别主要有:孪生变形使一部分晶体发生均匀的切应变,滑移变形则集中在一些滑移面上;孪生使晶体变形部分的位向发生了改变,滑移变形后晶体各部分的位向不发生改变;孪生变形时原子沿孪生方向的位移量小于一个原子间距,滑移变形时原子沿滑移方向的位移量则是原子间距的整数倍;孪生变形所需切应力的数值比滑移变形的大,只有在滑移很难进行的情况下才发生孪生变形。

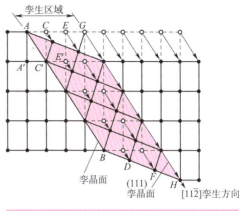

图3-8 孪生示意图

密排六方晶格金属滑移系少,常以孪生方式变形。体心立方晶格金属只有在低温或冲击作用下才发生孪生变形。面心立方晶格金属一般不发生孪生变形,但常发现有孪晶存在,这是由于相变过程中原子重新排列时发生错排而产生的,称退火孪晶。图3-9所示为钛合金六方相中的形变孪晶、图3-10所示为奥氏体不锈钢中的退火孪晶。

图3-9 钛合金六方相中的形变孪晶

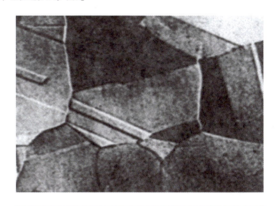

图3-10 奥氏体不锈钢中的退火孪晶

二、多晶体的塑性变形

除了极少数的场合,实际上使用的金属材料主要是多晶体。其塑性变形与单晶体无本质上差别,但是多晶体是由许多形状、大小、取向各不相同的晶粒所组成,从而使多晶体塑性变形更为复杂。

1. 晶粒位向的影响

多晶体是由位向不同的许许多多的小晶粒所组成,由于各个晶粒的位向不同,则各滑移系的取向也不同。在外加拉伸力作用下,各滑移系上的分切应力值相差很大,有的晶粒处于有利于滑移的位置,有的晶粒处于不利于滑移的位置,如图3-11所示。当处于有利滑移位置的晶粒要进行滑移时,必然受到周围不同位向晶粒的阻碍,使滑移阻力增加,金属的塑性变形抗力增大。当位错运动到晶界附近时,受到晶界的阻碍而堆积起来,称位错的塞积。要使变形继续进行,则必须增加外力,从而使金属的变形抗力提高。

由于各相邻晶粒位向不同,当一个晶粒发生塑性变形时,为了保持金属的连续性,周围的晶粒若不发生塑性变形,则必以弹性变形来与之协调。这种弹性变形便成为塑性变形晶粒的变形阻力。由于晶粒间的这种相互约束,使得多晶体金属的塑性变形抗力提高,如图3-12所示。

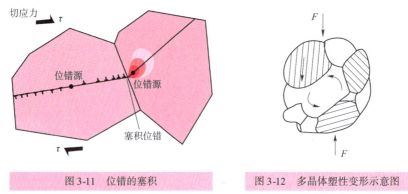

图3-11　位错的塞积　　　　图3-12　多晶体塑性变形示意图

2 晶界的作用

在多晶体中,晶界处原子排列混乱,晶格畸变程度大,位错移动时的阻力增大,宏观上表现为塑性变形抗力增大,强度提高。由于晶界的作用,多晶体往往表现出竹节状变形,如图3-13所示。

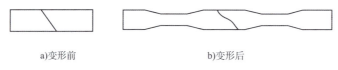

a)变形前　　　　　　　b)变形后

图3-13　拉伸试样变形示意图

3 多晶体金属的塑性变形过程

多晶体中首先发生滑移的是滑移系与外力夹角等于或接近于45°的晶粒。当塞积位错前端的应力达到一定程度,加上相邻晶粒的转动,使相邻晶粒中原来处于不利位向滑移系上的位错开动,从而使滑移由一批晶粒传递到另一批晶粒,当有大量晶粒发生滑移后,金属便显示出明显的塑性变形,如图3-14所示。

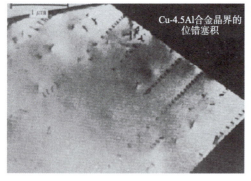

图3-14　晶界对塑性变形的影响

4 晶粒大小对金属力学性能的影响

金属的晶粒越细,其强度和硬度越高。因为金属晶粒越细,晶界总面积越大,位错障碍越多,需要协调的具有不同位向的晶粒越多,使金属塑性变形的抗力越高。

金属的晶粒越细,其塑性和韧性也越高。因为金属晶粒越细,单位体积内晶粒数目越多,参与变形的晶粒数目也越多,变形越均匀,使在断裂前发生较大的塑性变形。强度和塑性同时增加,金属在断裂前消耗的功也大,因而其韧性也比较好。通过细化晶粒来同时提高金属的强度、硬度、塑性和韧性的方法称细晶强化。

综上所述,多晶体的塑性变形抗力不仅与金属的晶体结构有关,而且与晶粒大小有关。在一定体积的晶体内,晶粒的数目越多,晶界的数量也越多,晶粒越细小,位错移动时的阻力越大,金属的塑性变形抗力越大,因此,金属的强度越高。在同样的变形条件下,晶粒越细小,变形可分散到更多的晶粒内进行,不易产生集中变形。另外,晶界多,裂纹不易扩展,从而使金属在断裂前能产生较大的塑性变形,表现出金属具有较高的塑性和韧性。

任务2 冷塑性变形对金属组织和性能的影响

冷塑性变形不仅改变金属的形状和尺寸,而且还使其组织与性能发生了重大变化。

一 冷塑性变形对金属组织的影响

金属发生塑性变形时,随着外形的改变,其内部晶粒的形状也发生了变化。当变形程度很大时,晶粒会沿变形方向伸长,形成细条状,这种呈纤维状的组织称为冷加工纤维组织,如图3-15所示。

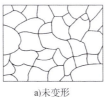
a) 未变形
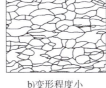
b) 变形程度小

c) 变形程度大

图3-15 冷塑性变形时晶粒形状变化示意图

形成纤维组织后,金属的性能会具有明显的方向性,其纵向(沿纤维方向)的力学性能高于横向(垂直于纤维方向)的性能。同时,由于各个晶粒的变形不均匀,使金属在冷塑性变形后其内部存在残余应力。

冷塑性变形除了使晶粒的形状发生变化外,还会使晶粒内部的亚晶粒细化,亚晶界数量增多,位错密度增加。由于塑性变形时晶格畸变加剧以及位错间的相互干扰,会阻止位错的运动,增加了金属的塑性变形抗力,使金属的力学性能发生了改变。

二 冷塑性变形对金属性能的影响

1 加工硬化现象

在塑性变形过程中,随着金属内部组织的变化,金属的力学性能也将发生明显的变化,即随着变形程度的增加,金属的强度、硬度增加,而塑性、韧性下降,这一现象即为加工硬化或形变强化。加工硬化可以提高金属的强度,是强化金属的重要手段,尤其对于那些不能用热处理强化的金属材料显得更为重要。加工硬化现象在金属材料生产过程中有着重要的实际意义,目前已经广泛用来提高金属材料的强度,加工硬化也是某些工件或半成品能够加工成型的重要因素。

加工硬化现象也会给金属材料的生产和使用带来麻烦,因为金属冷加工到一定程度以后,变形抗力就会增加,欲进一步变形就必须加大设备功率,增加能量消耗。另外,材料塑性的降低给金属材料进一步的冷塑性变形带来困难。为了使金属材料能继续变形加工,必须进行中间热处理,以消除这种硬化现象。

2 使金属性能具有方向性

当多晶体金属在其变形量很大时,晶粒变成细条状。此时,金属中的夹杂物也被拉长、形

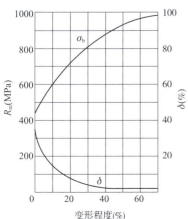

图3-16 冷塑性变形对金属力学性能的影响

成纤维组织,使金属的力学性能具有明显的方向性。例如,纵向(沿纤维组织方向)的强度和塑性比横向(垂直于纤维组织方向)高得多。

冷塑性变形改变了金属内部的组织结构,引起了金属力学性能的变化。随着冷塑性变形程度的增加,金属材料的强度、硬度提高,而塑性、韧性下降,这种现象称为冷变形强化。图3-16所示为低碳钢冷塑性变形时,其力学性能的变化规律。

3 使金属产生残余应力

残余应力是指作用于金属上的外力除去后,仍存在于金属内部的应力。残余应力是由于金属塑性变形不均匀造成的。根据残余应力的作用范围,可分为宏观残余应力、微观残余应力、晶格畸变应力三类。

宏观残余应力是指金属各部分塑性变形不均匀所造成的残余应力;微观残余应力是指晶体中各晶粒或亚晶粒塑性变形不均匀所造成的残余应力;晶格畸变应力是指金属塑性变形时,晶体中一部分原子偏离其平衡位置造成晶格畸变而产生的残余应力。

一般残余应力的存在对金属将产生一些影响,例如降低工件的承载能力、使工件的形状和尺寸发生改变、降低工件的耐腐蚀性等,但残余应力可使金属的疲劳强度提高。通常用热处理、时效处理来消除冷塑性变形后金属内部的残余应力。生产中若能合理控制和利用残余应力,也可使其变为有利因素。比如对零件进行喷丸等,使其表面产生一定的塑性变形而形成残余压应力,从而提高零件的疲劳强度。

4 使金属产生某些物理和化学性能变化

塑性变形除了影响力学性能外,还会使金属的某些物理、化学性能发生变化,如电阻增加,导电性能和电阻温度系数下降,导热系数也略为下降。塑性变形还使磁导率、磁饱和度下降,但磁滞和矫顽力增加。同时,塑性变形还提高金属的内能,使其化学活性提高、腐蚀速度加快等。

三、冷变形强化在生产中的影响

冷变形强化可以提高金属的强度、硬度和耐磨性,是强化金属材料的一种工艺方法,特别是对那些不能用热处理强化的金属材料更为重要。

冷变形强化还可以使金属材料具有瞬时抗超载能力,在一定程度上提高构件的使用安全性。冷变形强化是工件使用压力加工方法成型的必要条件。冷变形强化会使金属材料的塑性降低,继续变形困难,甚至出现破裂。为了使金属材料能继续进行压力加工,必须进行中间热处理,以消除冷变形强化,这就增加了生产成本,降低了生产率。

冷塑性变形除了影响金属的力学性能外,还会使金属的某些物理、化学性能发生改变,如电阻增加、化学活性增大、耐腐蚀性下降等。

任务3 回复与再结晶

冷塑性变形后的金属,其组织结构发生了改变,而且由于金属各部分变形不均匀,在金属内部形成残余应力,使金属处于不稳定状态,具有自发地回复到原来稳定状态的趋势。常温下,原子活动能力比较弱,这种不稳定状态要经过很长时间才能逐渐过渡到稳定状态。如果对冷塑性变形后的金属加热,由于原子活动能力增强,就会迅速发生一系列组织与性能的变化,使金属回复到变形前的稳定状态,如图 3-17 所示。

冷塑性变形后的金属在加热过程中,随加热温度的升高,要经历回复、再结晶、晶粒长大三个阶段的变化。冷变形黄铜组织性能随温度的变化如图 3-18 所示。

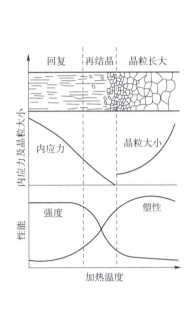

图 3-17　加热温度对冷塑性变形金属组织和性能的影响

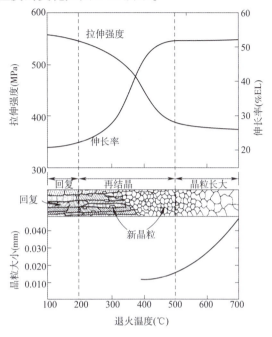

图 3-18　冷变形黄铜组织性能随温度的变化

回复

当加热温度较低时,金属中的原子有一定的活动能力。通过原子短距离的移动,使变形金属内部晶体缺陷的数量减少,晶格畸变程度减轻,残余应力降低,但造成冷变形强化的主要原因尚未消除,因而,冷加工纤维组织无明显变化,金属的力学性能也无明显变化,这一阶段称为回复。在回复阶段,金属的一些物理、化学性能部分地回复到了变形前的状态。

工业生产中,常常利用回复现象对冷塑性变形金属进行低温退火处理(又称为去应力退火),目的是在保持冷变形强化的情况下,消除残余应力,提高塑性。例如,用冷拉弹簧钢丝制成的弹簧,在卷制后要进行一次 250～300℃ 的低温退火处理,以消除残余应力并使弹簧定形;冷拉黄铜制件,为了消除残余应力,避免应力腐蚀破坏,也需要进行 280℃ 的低温退火处理。

二 再结晶

随着加热温度的升高,原子的活动能力增强,当加热到一定温度(如纯铁加热到450℃以上)时,变形金属中的纤维状晶粒将重新变为等轴晶粒,这一阶段称为再结晶。

再结晶也是通过晶核形成和长大的方式进行的。新晶粒的核心首先在金属中晶粒变形最严重的区域形成,然后晶核吞并旧晶粒,向周围长大形成新的等轴晶粒。当变形晶粒全部转化为新的等轴晶粒时,再结晶过程就完成了。再结晶前后的晶格类型完全相同,因此,再结晶过程不是相变过程,只是改变了晶粒的形状和消除了因变形而产生的某些晶体缺陷,如位错密度下降、晶格畸变消失等。其结果使冷塑性变形金属的组织与性能基本上回复到了变形前的状态,金属的强度、硬度下降,塑性升高,冷变形强化现象完全消失,图3-19所示为经冷塑性变形后铁素体组织的再结晶过程。

再结晶不是在恒定温度下发生的,而是在一个温度范围内进行的过程。能进行再结晶的最低温度称为再结晶温度,用符号 $T_{再}$ 表示。

实验证明,再结晶温度与金属的冷塑性变形程度有关,如图3-20所示。金属的塑性变形程度越大,再结晶温度越低。这主要是因为变形程度越大,晶格畸变程度越大,位错密度越高,金属的组织越不稳定,开始再结晶的温度越低。纯金属的再结晶温度可根据其熔点按下式进行计算:

$$T_{再} \approx 0.4 T_{熔}$$

式中:$T_{再}$——金属的再结晶温度,K;

$T_{熔}$——金属的熔点,K。

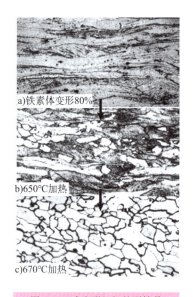

图3-19 冷变形组织的再结晶

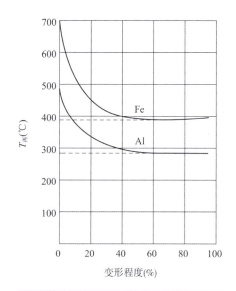

图3-20 金属再结晶温度与冷塑性变形程度的关系

例如,工业纯铁的 $T_{再}$ 约为723K,即450℃。

在生产中,为了消除冷变形强化,恢复塑性以便继续进行压力加工,必须对冷塑性变形金属进行中间退火处理。将冷塑性变形金属加热到再结晶温度以上,保持适当时间,使变形晶粒重新结晶为均匀的等轴晶粒,以消除冷变形强化和残余应力,这种热处理方法称为再结晶退火。实际生产中,再结晶退火温度通常为金属再结晶温度以上100~200℃。表3-2为常见金属的去应力退火与再结晶退火的温度。

常见金属的去应力退火与再结晶退火温度　　　　　表3-2

金属材料	去应力退火温度(℃)	再结晶退火温度(℃)
结构钢	500~650	680~720
碳素弹簧钢	280~300	—
工业纯铝	95~105	350~420
硬铝	95~105	350~370
黄铜	270~300	600~700

三、晶粒长大

冷塑性变形金属经再结晶后，一般都得到细小均匀的等轴晶粒。如果继续升高温度或延长保温时间，则再结晶后形成的新晶粒会逐渐长大，导致晶粒变粗，金属的力学性能下降，这一阶段称为晶粒长大，如图3-21所示。

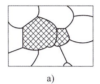

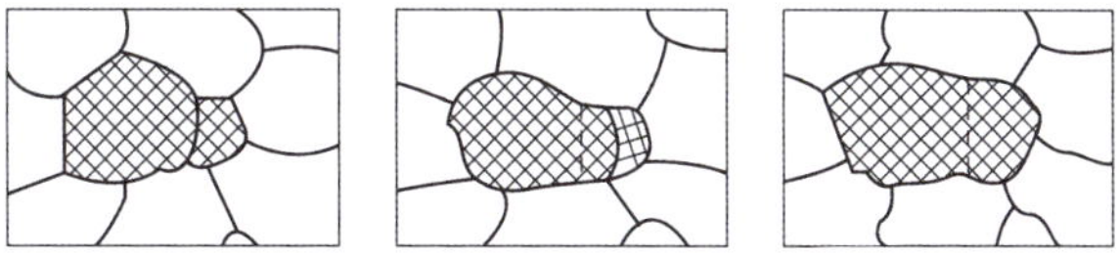

a)　　　　　b)　　　　　c)

图3-21　晶粒长大示意图

晶粒长大会减小晶体中晶界总面积，降低界面能。因此，只要有足够原子扩散的温度和时间条件，晶粒长大是自发的、不可避免的。晶粒长大的实质是一种晶界的迁移过程。两个大小不等的相邻晶粒之间的晶界在温度和时间条件保证的情况下会逐渐向较小晶粒方向迁移，把小晶粒的晶格位向改变为大晶粒的晶格位向，最后小晶粒消失，大晶粒长得更大。大晶粒的晶界也趋于平直化，最后得到粗大晶粒组织，使金属力学性能显著降低，所以晶粒长大是应当避免发生的现象。影响再结晶退火后晶粒度的主要因素是加热温度和预变形度。

1. 加热温度和保温时间

由于晶界迁移的过程就是原子的扩散过程，所以加热温度越高，保温时间越长，原子扩散能力愈强，则晶界愈易迁移，晶粒长大也愈快。

2. 临界变形度

理论上，没有变形就没有再结晶，当变形程度很小时，金属材料的晶粒仍保持原状，这是由于变形度小，畸变能很小，不足以引起再结晶，所以晶粒大小没有变化。当变形度达到2%~10%时，金属中少数晶粒变形，而且变形分布很不均匀，所以再结晶时生成的晶核少，晶粒大小相差极大，非常有利于晶粒发生吞并过程而很快长大，结果得到极粗大的晶粒。使晶粒发生异常长大的变形度称作临界变形度，例如铁的临界变形度为2%~10%、钢为5%~10%、铜与黄铜约为5%。

当变形度超过临界变形度后，则晶粒逐渐细化，变形度越大，晶粒越细小。当变形度达到一定程度后，再结晶晶粒大小基本保持不变；然而对于某些金属，当变形度过大（约≥90%）时，晶粒可能再次出现异常长大。变形度的影响主要与金属变形的均匀度有关。变形越不均匀，再结晶退火后的晶粒越大，这是二次再结晶造成的。这种现象只在特殊条件下产生，不是普遍现象。

因为粗大的晶粒对金属的力学性能十分不利，故在压力加工时，应当避免在临界变形度范围内进行加工以免再结晶后产生粗晶。

任务4 金属的热塑性变形

一、热加工与冷加工的区别

金属的热塑性变形加工与冷塑性变形加工是以金属的再结晶温度来划分的。在再结晶温度以下进行的塑性变形称为冷塑性变形或冷加工,在再结晶温度以上进行的塑性变形称为热塑性变形或热加工。前面所说的金属塑性变形的情况都是冷加工。当变形加工是在再结晶温度之上进行,那么在变形的同时也进行着动态的再结晶。

在变形后的冷却过程中,也继续发生再结晶,这种变形加工称为热加工。例如纯铁的再结晶温度大约为451℃,在此温度以上的加工即属于热加工;钨的最低再结晶温度为1200℃,对钨来说,在低于1200℃的高温下加工仍属于冷加工;锡的最低再结晶温度约为-70℃,在室温下进行的加工已属于热加工。热加工时,由于金属原子的结合力降低,而且形变强化过程随时被再结晶过程所消除,从而使金属的强度、硬度降低,塑性增强,因此,其塑性变形要比冷加工时容易得多。

金属材料的热加工和冷加工在生产中都有一定的适用范围。冷加工可以达到较高精度和较低的表面粗糙度,并有加工硬化的效果,但是,变形抗力大,一次变形量有限,因此,宜用于截面尺寸较小、对加工尺寸和表面粗糙度要求较高的金属制品或需要加工硬化的零件进行加工。而热加工与此相反。热加工可用较小的变形能量获得较大的变形量,但是,由于加工过程在高温下进行,金属表面易受到氧化,产品的表面粗糙度和尺寸精度较低,因此,热加工主要用于截面尺寸较大、变形度较大或材料在室温下硬度较高、脆性较大的金属制品或零件毛坯加工。

二、热加工对金属组织和性能的影响

由于热加工在变形的同时伴随着动态再结晶,变形停止后在冷到室温过程中继续有再结晶发生,所以热加工基本没有加工硬化现象,但是也会使金属的组织和性能发生很大变化,主要表现在如下方面。

1 消除铸态金属的某些缺陷

通过热加工,可使铸态金属毛坯中的气孔和疏松焊合;消除部分偏析;细化晶粒;改善夹杂物和碳化物的形态、大小与分布,最终使金属的致密度和力学性能提高。表3-3所示为ω_C = 0.3%的碳钢在铸态和锻态时力学性能的比较。可见,经热加工后,钢的强度、塑性、冲击韧度均比铸态高,所以工程上受力较大的工件(如齿轮、轴、刃具、模具等)大多数要通过热加工来制造。

碳钢(ω_C = 0.3%)铸态和锻态时力学性能的比较   表3-3

状态	抗拉强度 (MPa)	屈服点 (MPa)	伸长率 (%)	断面收缩率 (%)	冲击韧度 (J/cm^2)
铸态	500	280	15	27	35
锻态	530	310	20	46	68

❷ 形成热加工纤维组织

热加工时,铸态金属毛坯中的粗大枝晶偏析和各种夹杂物,都要沿变形方向伸长,逐渐形成纤维状。这些夹杂物在再结晶时不会改变其纤维形状。这样,在材料或工件的纵向宏观试样上,可见到沿变形方向的一条条细线,这就是热加工纤维组织,通常称为"流线"。

热加工纤维组织的存在,会使金属材料的力学性能呈现方向性,沿纤维方向(纵向)具有较高的强度、塑性和冲击韧度,垂直于纤维方向(横向)则具有较高的抗剪强度。表3-4所示为$\omega_C=0.45\%$的碳钢力学性能与流线方向之间的关系。

碳钢($\omega_C=0.45\%$)力学性能与流线方向的关系 　　表3-4

力学性能 取样方向	抗拉强度 (MPa)	屈服点 (MPa)	伸长率 (%)	断面收缩率 (%)	冲击韧度 (J/cm²)
横向	675	440	15	31	26
纵向	715	470	17.5	62.8	60

因此,用热加工方法制造工件时,应保证流线有正确的分布。图3-22所示为锻造曲轴和切削加工曲轴的流线分布示意图。由两者流线分布可见,显然锻造曲轴的流线分布更为合理。

注意:热处理方法是不能消除或改变工件中流线分布的,只能通过适当的塑性变形来改善流线的分布。

❸ 形成带状组织

如果钢的铸态组织中存在着比较严重的偏析,或热加工时温度过低,则钢中常出现沿变形方向呈带状或层状分布的显微组织,称为带状组织。带状组织是一种缺陷,它会使钢的力学性能下降。其形成原因主要是铸态中的成分偏析在压力加工时未被充分消除。带状组织使金属材料的力学性能产生方向性,特别是横向塑性和韧性明显降低,并使材料的切削性能恶化。对于在高温下能获得单相组织的材料,带状组织有时可用正火处理来消除,需要高温扩散退火及随后的正火来改善。

a)锻造曲轴　　　b)切削加工曲轴

图3-22　曲轴的流线

小结

本项目主要介绍了以下内容:

(1)塑性变形的主要方式是滑移,其次是孪生。滑移系越多,金属发生滑移的可能性越大,塑性就越好。

(2)滑移不是晶体的刚性滑动,而是通过滑移面上位错的运动来实现的。滑移的位错机制是金属学的重要理论,对金属的塑性变形和强化有重要的指导意义。

(3)多晶体塑性变形时具有非同步性,各晶粒必须协同动作。晶界对滑移有阻碍作用,细化晶粒可全面提高金属的力学性能,是金属材料重要的强化手段。

(4)加工硬化是金属材料的一种重要特性,对金属材料的使用和加工均有重大影响,应重点掌握。

(5)冷塑性变形后的金属在加热过程中组织和性能将发生变化,这种变化分为三个阶段,即回复、再结晶和晶粒长大,再结晶的相关知识是重点。

(6)金属冷变形加工、热变形加工是以再结晶温度为界限划分的。在热变形加工时,金属组织和性能将发生硬化和软化的双方向变化。

(7)金属热变形加工能使组织致密、成分均匀、晶粒细化,力学性能提高,重要零件均采用锻压等方法成型。

(8)在设计和制造机器零件时,必须考虑锻造流线的合理分布,使零件工作时的正应力与流线方向平行,切应力与流线方向垂直,并尽量使锻造流线与零件的轮廓相符,而不被切断。

(9)带状组织使钢的组织和性能不均匀,产生冷弯不合格、冲压废品率高、热处理时易变形等不良后果,应加以注意。

思考与练习

一、名词解释

滑移,滑移系,晶粒细化,加工硬化,回复,再结晶,再结晶温度,热变形加工,冷变形加工。

二、填空题

1. 常温下,金属单晶体的塑性变形方式为_____和_____。
2. 与单晶体比较,影响多晶体塑性变形的两个主要因素是_____和_____。
3. 在金属学中,冷变形加工和热变形加工的界限是以_____划分的。因此,Cu(熔点为1084℃)在室温下的变形加工称为_____加工,Sn(熔点为232℃)在室温下的变形加工称为_____加工。
4. 能同时提高材料强度和韧性的最有效方法是_____。
5. 再结晶后晶粒度的大小取决于_____、_____和_____。
6. 金属材料的强化方法有_____、_____、_____、_____和_____。
7. 滑移并非晶体两部分的刚性滑动,而是通过_____来实现的。
8. 再结晶温度是指_____,其数值与熔点间的大致关系为_____。
9. 面心立方结构的金属有_____个滑移系,密排六方结构的金属只有_____个滑移系。
10. 消除带状组织的热处理方法是_____。

三、判断题

1. 因为体心立方晶格与面心立方晶格具有相同数量的滑移系,所以两种晶体的塑性变形能力完全相同。( )
2. 滑移变形不会引起金属晶体结构的变化。( )
3. 再结晶是形核和晶核长大过程,所以再结晶过程也是相变过程。( )
4. 为了保持冷变形金属的强度和硬度,应采用再结晶退火。( )
5. 金属铸件不能通过再结晶退火来细化晶粒。( )
6. 在一定范围内增加冷变形金属的变形量,会使再结晶温度下降。( )
7. 凡是重要的结构零件,其毛坯一般都应进行锻造成型。( )
8. 在冷拔钢丝时,如果总变形量很大,则中间需安排几次退火工序。( )
9. 冷变形加工会产生加工硬化现象,而热变形加工不产生加工硬化现象。( )
10. 锡在室温下变形加工是冷加工,钨在1000℃变形加工是热加工。( )

四、选择题

1. 随冷塑性变形量增加,金属的( )。
   A. 强度下降,塑性提高
   B. 强度和塑性都下降
   C. 强度和塑性都提高
   D. 强度提高,塑性下降
2. 冷变形金属再结晶后,( )。
   A. 形成等轴晶,强度升高
   B. 形成柱状晶,塑性下降
   C. 形成柱状晶,强度升高
   D. 形成等轴晶,塑性升高
3. 能使单晶体产生塑性变形的应力为( )。
   A. 正应力
   B. 切应力
   C. 复合应力
4. 晶界对滑移有( )作用。
   A. 阻碍
   B. 促进
   C. 无影响
5. 下列工艺操作正确的是( )。
   A. 用冷拉强化的弹簧丝绳向电炉中吊装大型零件,并随工件一同加热
   B. 用冷拉强化的弹簧钢丝做沙发弹簧
   C. 铅的铸锭在室温多次轧制成为薄板,中间应进行再结晶退火
6. 金属再结晶温度大约为其熔点的( )。
   A. 1倍
   B. 50%
   C. 40%
   D. 10%
7. 金属的临界变形度为( )。
   A. 50%
   B. 2%~10%
   C. 70%
   D. 90%
8. 喷丸处理及表面辊压能显著提高材料的疲劳强度,原因是合理利用( )。
   A. 再结晶
   B. 回复
   C. 残余内应力
9. 金属流线方向应与最大拉应力方向( )。
   A. 平行
   B. 垂直
   C. 呈45°
10. 金属板材深冲压时形成制耳是由于( )造成的。
    A. 纤维组织
    B. 流线
    C. 织构
    D. 残余内应力

五、简答题

1. 叙述滑移变形的概念和特点。
2. 什么叫滑移系?面心立方晶体、体心立方晶体和密排六方晶体各有多少个潜在的滑移系?
3. 为什么通过位错的移动实现滑移时需要的切应力小?
4. 试述晶界在多晶体变形中的作用。
5. 为什么具有细小晶粒材料的力学性能好?
6. 什么是加工硬化?举例说明加工硬化在实际工程中的利弊。
7. 变形残余应力分几种?各对材料产生什么影响?
8. 用冷拔纯铜管进行冷弯,加工成输油管,为避免冷弯时开裂,应采用什么措施?为什么?
9. 在回复、再结晶过程中,材料的组织和性能会发生哪些变化?在实际中有什么意义?
10. 用冷拉钢丝绳向电炉内吊装一大型工件,并随工件一起加热。在加热完毕后向炉外吊运时钢丝绳发生断裂,这是为什么?
11. 锡片被子弹穿透后,靠近弹孔边缘晶粒很细小,随着与弹孔远离,晶粒逐渐变粗,在距弹孔边缘一定距离处晶粒粗大,超过这一距离后,晶粒又很细小,试解释这个现象。
12. 金属材料热变形加工后,组织和性能会发生什么变化?

项目 4

铁碳合金

知识目标

1. 掌握 Fe-Fe$_3$C 相图,理解相图中各点、线、区的意义;
2. 掌握典型铁碳合金的平衡结晶过程和组织特点;
3. 掌握铁碳合金成分、组织、性能三者之间的关系。

技能目标

1. 能够分析铁碳合金相图;
2. 能够理解铁碳合金的组成及铁、碳的比例对材料性能的影响。

素养目标

1. 培养学生良好的职业道德和社会责任感;
2. 培养学生进行新材料和新工艺的探索、创新和改进,坚持自信自强、守正创新,踔厉奋发、勇毅前行。

概 述

钢铁是现代工业中应用最广泛的金属材料,其基本组元是铁和碳两个元素,故统称为铁碳合金。为了掌握铁碳合金成分、组织及性能之间的关系,以便在生产中合理使用,首先必须了解铁碳合金相图。铁碳合金相图是研究铁碳合金最基本的工具;是研究碳钢和铸铁的成分、温度、组织及性能之间关系的理论基础;是制定热加工、热处理、冶炼和铸造等工艺依据。

铁和碳可形成一系列稳定化合物:Fe$_3$C、Fe$_2$C、FeC,它们都可以作为纯组元看待,如图 4-1 所示。碳含量大于 Fe$_3$C 成分(6.69%)时,合金太脆,已无实用价值,所以实际讨论的铁碳合金相图是 Fe-Fe$_3$C 相图,如图 4-2 所示。

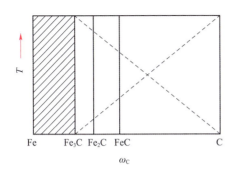

图4-1 铁碳合金相图的组成

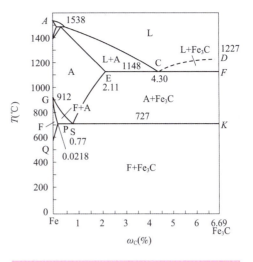

图4-2 Fe-Fe₃C 相图

任务1 铁碳合金的基本组织

一 金属的同素异构转变

金属的同素异构转变是指在固态下,金属随温度的改变由一种晶格转变为另一种晶格的现象,如铁、锰、钛、钴、锡等结晶后,继续冷却时晶格类型会发生变化。

由纯铁的冷却曲线(图4-3)可以看出,液态纯铁在1538℃进行结晶得到具有体心立方晶格的 δ-Fe。继续冷却到1394℃时发生同素异构转变,δ-Fe 转变为面心立方晶格的 γ-Fe,再冷却到912℃时又发生同素异构转变,γ-Fe 转变为体心立方晶格的 α-Fe。上述转变过程可由下式表示:

$$\delta\text{-Fe} \xrightleftharpoons{1394℃} \gamma\text{-Fe} \xrightleftharpoons{912℃} \alpha\text{-Fe}$$

体心立方　　面心立方　体心立方

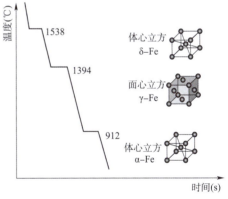

图4-3 纯铁的同素异构转变

二 铁素体

碳在 α-Fe 中的固溶体称为铁素体,用 F 或 α 表示。碳在 δ-Fe 中的固溶体称为 δ-铁素体,用 δ 表示。铁素体和 δ-铁素体都是体心立方晶格的间隙固溶体,铁素体的晶体结构如图4-4所示。由于体心立方晶格的晶格空隙很小,所以铁素体的溶碳能力很低,在727℃时溶碳量最大,可达0.0218%。随着温度的下降,溶碳量逐渐减小,室温时几乎等于零;因此,铁素体的性能几乎和纯铁的相同,即强度、硬度低,塑性、韧性好。铁素体的显微组织与纯铁相同,在显微镜下观察,呈明亮的多边形晶粒组织,铁素体的显微组织如图4-5所示。

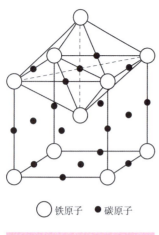

○ 铁原子　● 碳原子

图4-4　铁素体的晶体结构

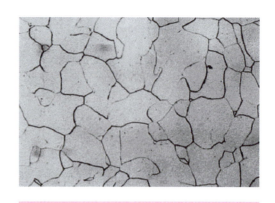

图4-5　铁素体的显微组织(100倍)

三、奥氏体

碳在 γ-Fe 中的固溶体称奥氏体,用 A 或 γ 表示。奥氏体仍然保持 γ-Fe 的面心立方晶格,奥氏体的晶体结构如图4-6所示。由于面心立方晶格的晶格空隙比体心立方晶格的大,所以奥氏体的溶碳能力比铁素体大。在1148℃时溶碳量最大,可达2.11%。随温度下降溶碳量逐渐降低,727℃时溶碳量为0.77%。

奥氏体的力学性能与其溶碳量和晶粒大小有关,相对于铁素体具有一定的强度和硬度,塑性和韧性也好。因此,奥氏体的硬度较低而塑性较好,易于锻压成型。具有顺磁性,可作为无磁钢。

奥氏体是一种高温组织,稳定存在的温度范围为727～1394℃,高温下奥氏体的显微组织也是由多边形晶粒构成的,但一般情况下,晶粒较粗大,晶界较平直,奥氏体的显微组织如图4-7所示。

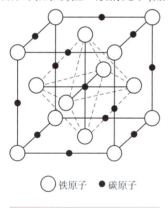

○ 铁原子　● 碳原子

图4-6　奥氏体的晶体结构

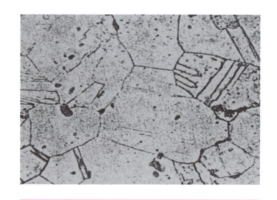

图4-7　奥氏体的显微组织(100倍)

四、渗碳体

渗碳体的分子式为 Fe_3C,它是一种具有复杂晶体结构的金属化合物,其晶体结构如图4-8所示。渗碳体中碳的质量分数为6.69%,熔点约为1227℃,硬度很高,但塑性和韧性几乎为零,脆性很大。渗碳体不发生同素异构转变,却有磁性转变,在230℃以下具有弱的铁磁性。

渗碳体的组织形态很多,在铁碳合金中与其他相共存时,可以呈片状、粒状、网状或板条状。渗碳体是碳钢中的主要强化相,它的数量、形态、大小与分布对钢的性能有很大的影响。

渗碳体是一种亚稳定相,在一定条件下可以发生分解,形成石墨,$Fe_3C \rightarrow 3Fe + C$(石墨)。常温下,碳在铁碳合金中主要以 Fe_3C 或石墨(图4-9)的形式存在。

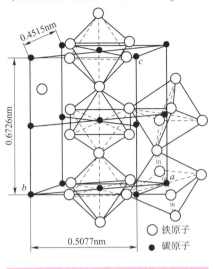

图4-8 渗碳体的晶体结构示意图

图4-9 铸铁中的石墨

五 珠光体

珠光体是奥氏体冷却时,在727℃发生共析转变的产物,由铁素体和渗碳体组成的机械混合物,用符号 P 表示。珠光体的显微组织为由铁素体片与渗碳体片交替排列的片状组织,如图4-10所示。珠光体的力学性能介于铁素体与渗碳体之间,强度较高,硬度适中,塑性和韧性较好。

六 莱氏体

莱氏体是铁碳合金冷却到1148℃时共晶转变的产物,是介稳相。由奥氏体和渗碳体组成的机械混合物。存在于1148～727℃之间的莱氏体称为高温莱氏体,用符号 Ld 表示;存在于727℃以下的莱氏体称为变态莱氏体或称低温莱氏体,用符号 Ld′ 或 L′d 表示,组织由渗碳体和珠光体组成。莱氏体的平均含碳质量分数为4.3%,由于含碳质量分数高,因此,其力学性能与渗碳体相似,硬度高、脆性大、塑性差,是铁碳合金组织中的脆性组织。

上述5种基本组织中,铁素体、奥氏体、渗碳体都是单相组织,称为铁碳合金的基本相。珠光体、莱氏体则是由基本相混合组成的多相组织,如图4-11所示。

图4-10 珠光体的显微组织

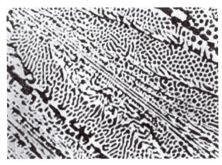

图4-11 莱氏体的显微组织

任务2 铁碳相图

Fe-Fe$_3$C相图是指在极其缓慢的冷却条件下,不同成分的铁碳合金的组织状态随温度变化的图解,简化后的Fe-Fe$_3$C相图如图4-12所示。

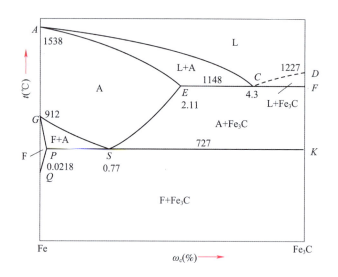

图4-12 简化后的Fe-Fe$_3$C相图

一、铁碳相图分析

Fe-Fe$_3$C相图中各个特性点的温度、碳的质量分数及含义见表4-1。

Fe-Fe$_3$C相图中的特性点　　　　表4-1

特性点	温度(℃)	碳的质量分数(%)	含义
A	1538	0	纯铁的熔点
C	1148	4.3	共晶点
D	1227	6.69	渗碳体的熔点
E	1148	2.11	碳在奥氏体中的最大溶解度
G	912	0	纯铁的同素异构转变温度
P	727	0.0218	碳在铁素体中的最大溶解度
S	727	0.77	共析点
Q	室温	0.0008	碳在铁素体中的溶解度

2 相图中各线分析

现将Fe-Fe$_3$C相图中的相界线及其含义归纳于表4-2,相图中的特性线是不同成分铁碳合金具有相同意义的相变点的连线。

Fe-Fe₃C 相图中的特性线 表 4-2

特性线	含义
AC	液相线,液态合金冷却到该线时开始结晶出奥氏体
DC	液相线,液态合金冷却到该线时开始结晶出一次渗碳体
AE	固相线,奥氏体结晶终了线
ECF	共晶线,液态合金冷却到该线时发生共晶转变
ES	碳在奥氏体中的溶解度线,常称 A_{cm} 线
GS	奥氏体转变为铁素体的开始线,常称 A_3 线
GP	奥氏体转变为铁素体的终了线
PSK	共析线,常称 A_1 线,奥氏体冷却到该线时发生共析转变
PQ	碳在铁素体中的溶解度线

（1）ACD 线：液相线。任何成分的铁碳合金,处在此线以上温度区域时均为液态,ω_C < 4.3% 的合金冷却到 AC 线温度时,开始从液相中结晶出奥氏体；ω_C > 4.3% 的合金冷却到 CD 线温度时,开始从液相中结晶出渗碳体,称为一次渗碳体,用符号 Fe_3C_I 表示。

（2）AECF 线：固相线。任何成分的铁碳合金,缓冷至此线时,全部结晶为固态,即此线以下为固态区。液相线和固相线之间为金属液的结晶区域。这个区域内液相和固相并存,AEC 区域内为液相和奥氏体,CDF 区域内为液相和渗碳体。

（3）ECF 线：共晶线。ω_C > 2.11% 的铁碳合金,从液态缓冷到此线（1148℃）时,将发生共晶转变,同时结晶出奥氏体和渗碳体的混合物,即莱氏体,转变式为 Le-Ld（A + Fe_3C）。

（4）共晶转变：一定成分的液态合金在某一恒温下,同时结晶出两种固相的转变,称为共晶转变。

（5）PSK 线：共析线,常称 A_1 线。ω_C > 0.0218% 的铁碳合金中的奥氏体,缓冷到此线（727℃）时,将发生共析转变,从奥氏体析出铁素体和渗碳体的混合物,即珠光体。

（6）共析转变：一定成分的固熔体,在某一恒温下,同时析出两种固相的转变,称为共析转变。

（7）ES 线：碳在奥氏体中的溶解度曲线,常称 A_{cm} 线。表示从 1148℃ 冷至 727℃ 过程中,碳在奥氏体中的溶解度从最大的 2.11% 下降至 0.77%,同时析出渗碳体。这种从固态的奥氏体中析出的渗碳体,称二次渗碳体,用符号 Fe_3C_{II} 表示。所以 A_{cm} 线又称二次渗碳体析出线（冷却时）或二次渗碳体溶解线（加热时）。

（8）GS 线：铁素体—奥氏体转变线,常称 A_3 线。表示 ω_C < 0.77% 的铁碳合金,缓冷时从奥氏体中析出铁素体的起始线,或加热时铁素体转变为奥氏体的终结线。

❸ 相图中各相区分析

Fe-Fe₃C 相图中各相区的相组分见表 4-3。

Fe-Fe₃C 相图各相区的相组分 表 4-3

相区范围	相组分	相区范围	相组分
ACD 线以上	L	GPQG	F
AESGA	A	AECA	L + A

相区范围	相组分	相区范围	相组分
DCFD	L + Fe$_3$C	PSK 线以下	F + Fe$_3$C
GSPG	A + F	ECF 线	L + A + Fe$_3$C
ESKF	A + Fe$_3$C	PSK 线	A + F + Fe$_3$C

通过分析铁碳相图,结合相图的基本知识,能够看出铁碳相图中各区域的组织组分,简化后的 Fe-Fe$_3$C 相图中有四个单相区:ACD 以上——液相区(L);AESG——奥氏体相区(A);GPQ——铁素体相区(F);DFK——渗碳体相区(Fe$_3$C)。

相图中有五个两相区,这些两相区分别存在于相邻的两个单相区之间,它们是 L + A、L + Fe$_3$C、A + F、A + Fe$_3$C、F + Fe$_3$C。

此外,相图中共晶转变线 ECF 及共析转变线 PSK 可分别看作三相共存的"特区",如图 4-13 所示。

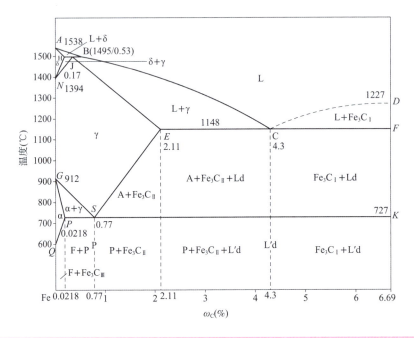

图 4-13 Fe-Fe$_3$C 相图各区域的组织组分

4 两个重要转变

(1)共晶转变。铁碳合金发生共晶转变需具备两个条件:共晶成分($\omega_C = 4.3\%$)的液相 L 在共晶温度 1148℃下,发生共晶转变结晶出 $\omega_C = 2.11\%$ 的奥氏体与渗碳体的混合物,即莱氏体,莱氏体中的奥氏体和渗碳体分别称为共晶奥氏体和共晶渗碳体。凡是碳的质量分数超过 2.11% 的铁碳合金,在 ECF 线上一定会发生共晶转变。

(2)共析转变。铁碳合金发生共析转变需具备两个条件:具有共析成分($\omega_C = 0.77\%$)的奥氏体在共析温度 727℃下,发生共析转变,同时析出 $\omega_C = 0.0218\%$ 的铁素体与渗碳体的细密混合物,即珠光体。珠光体一般是渗碳体以层片状分布在铁素体基体上而形成的机械混合物。由于珠光体中渗碳体的数量较铁素体少,所以珠光体中较厚的片是铁素体(白),较薄的片是渗碳体(黑),片层排列方向相同的领域称为一个珠光体团。

二、铁碳合金的分类

在 Fe-Fe$_3$C 相图中,不同成分的铁碳合金具有不同的显微组织和性能。根据相图中 P 点和 E 点,将铁碳合金分为工业纯铁、碳钢和白口铸铁三类。

1 工业纯铁(熟铁)

工业纯铁为碳质量分数 $\omega_C \leq 0.0218\%$ 的铁碳合金,室温组织为 F(含很少的 Fe$_3$C$_{\text{III}}$,如图 4-14 所示)。

2 碳钢

碳钢为含碳质量分数 $0.0218\% < \omega_C \leq 2.11\%$ 的铁碳合金,根据不同的室温组织分 3 种。

(1)共析钢,$\omega_C = 0.77\%$,室温组织为 P。

(2)亚共析钢,$0.0218\% < \omega_C < 0.77\%$,室温组织为 P+F。

(3)过共析钢,$0.77\% < \omega_C \leq 2.11\%$,室温组织为 P+Fe$_3C_{\text{II}}$。

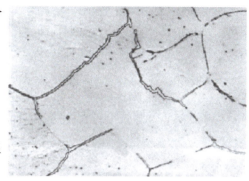

图 4-14 三次渗碳体 Fe$_3$C$_{\text{III}}$

3 白口铸铁(生铁)

白口铸铁(生铁)为含碳质量分数 $2.11\% < \omega_C \leq 6.69\%$ 的铁碳合金,根据不同的室温组织也可分为 3 种。

(1)共晶白口铸铁,$\omega_C = 4.3\%$,室温组织为 L$_d$。

(2)亚共晶白口铸铁,$2.11\% < \omega_C < 4.3\%$,室温组织为 P+L$_d$+Fe$_3C_{\text{II}}$。

(3)过共晶白口铸铁,$4.3\% < \omega_C \leq 6.69\%$,室温组织为 L$_d$+Fe$_3C_{\text{I}}$。

三、铁碳合金的组织随温度变化的规律

铁碳合金相图的重要用途是分析合金的平衡结晶过程及室温平衡组织,下面选取几种典型的铁碳合金进行分析,图 4-15 所示为选取的典型铁碳合金在相图中的位置。

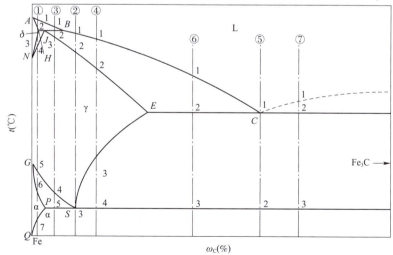

图 4-15 典型铁碳合金的结晶过程

1. 工业纯铁（$\omega_C \leq 0.0218\%$）

图 4-15 中的合金①为 $\omega_C = 0.010\%$ 的工业纯铁，其平衡结晶过程如图 4-16 所示。在 1 点以上合金全部为液相（L），当缓慢冷却至 1 点温度时，开始从液相中结晶出奥氏体（A），随温度的下降，奥氏体量逐渐增多，其成分沿 AE 线变化，而剩余液相逐渐减少，其成分沿 AC 线变化。当缓慢冷却至 2 点温度时，液相全部结晶为与原合金成分相同的奥氏体。在 2~3 点温度范围内为单一的奥氏体。当缓慢冷却至 3 点温度时，开始发生固溶体的同素异构转变开始从奥氏体中析出铁素体，随温度降低，铁素体量不断增多。当温度达到 4 点时，奥氏体全部转变为铁素体。铁素体冷却到 5 点时，碳在铁素体中的溶解度达到饱和。因此，当将铁素体冷却到 5 点以下时，将从铁素体中析出三次渗碳体。在缓慢冷却的条件下，这种渗碳体常沿铁素体晶界呈片状析出。在室温下，工业纯铁的平衡组织为铁素体和三次渗碳体（$F + Fe_3C_{III}$）。图 4-17 所示为工业纯铁的显微组织，图中晶界处有极少量的 Fe_3C_{III}。

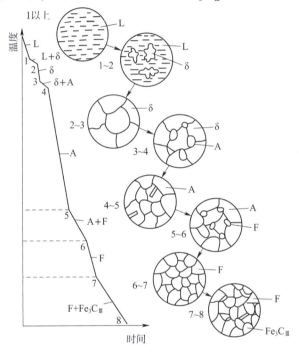

图 4-16 工业纯铁的结晶过程及组织

图 4-17 工业纯铁组织金相图

2 共析钢（$\omega_C = 0.77\%$）

图 4-15 中的合金②为 $\omega_C = 0.77\%$ 的共析钢，其平衡结晶过程及组织转变如图 4-18 所示。在 3(S) 点以上，共析钢的结晶过程与工业纯铁相同，组织为单一的奥氏体。当继续冷却至 S 点时，达到共析温度（727℃），发生共析转变，由奥氏体中同时析出成分为 P 点的铁素体和成分为 K 点的渗碳体，构成交替重叠的层片状两相组织，即珠光体。温度再继续下降，铁素体成分沿 PQ 线变化，将析出极少量的三次渗碳体，并与共析渗碳体混在一起，其对钢的影响不大，故可忽略不计。因此，共析钢的室温平衡组织是珠光体，如图 4-19 所示。

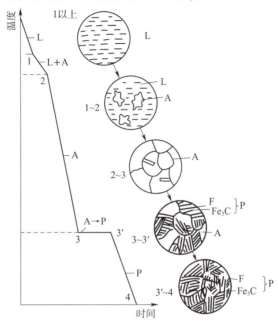

图 4-18 共析钢的结晶过程及组织

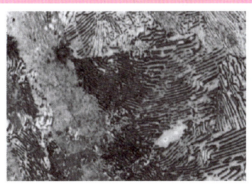

图 4-19 共析钢组织金相图

在球化退火条件下，珠光体中的渗碳体也可呈粒状，这种珠光体称为粒状珠光体。珠光体是铁碳合金中的重要组织，其性能介于铁素体与渗碳体之间，强韧性较好。

3 亚共析钢（$0.0218\% < \omega_C < 0.77\%$）

图 4-15 中的合金③为 $\omega_C = 0.45\%$ 的亚共析钢，其平衡结晶过程及组织转变如图 4-20 所示。图 4-15 中的合金③在 3 点以上的冷却过程与共析钢相似。当冷却至合金线与 GS 线的交

点 3 时，开始从奥氏体中析出铁素体，随温度降低，铁素体量不断增多，其成分沿 GP 线变化，而奥氏体量逐渐减少，其成分沿 GS 线向共析成分接近。当缓慢冷却至合金线与 PSK 线的交点 4 时，剩余的奥氏体达到共析成分（$\omega_C = 0.77\%$），发生共析转变，转变成珠光体。温度继续下降，铁素体中析出极少量的三次渗碳体（数量较少，可忽略不计），故其室温组织是铁素体与珠光体。$\omega_C = 0.45\%$ 亚共析钢的显微组织如图 4-21 所示，图中的白色部分为铁素体，黑色部分为珠光体。所有亚共析钢的冷却过程都与合金③相似，其室温组织都是铁素体与珠光体。但随碳含量的增加，铁素体量逐渐减少，珠光体量逐渐增多。

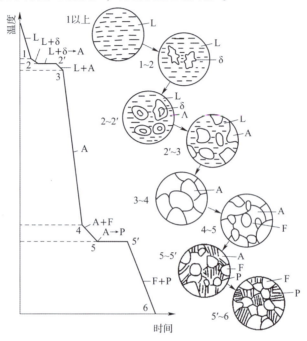

图 4-20 亚共析钢结晶过程及组织

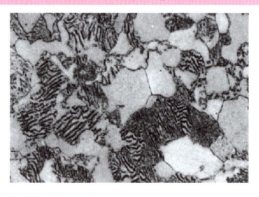

图 4-21 亚共析钢组织金相图

④ 过共析钢（$0.77\% < \omega_C \leq 2.11\%$）

图 4-15 中的合金④为 $\omega_C = 1.2\%$ 的过共析钢，其平衡结晶过程及组织转变如图 4-22 所示。合金④在 3 点以上的冷却过程与合金③相似。当冷却至 3 点时，奥氏体中碳的溶解度达到饱和，随温度降低，多余的碳以二次渗碳体（Fe_3C_{II}）的形式析出，并以网状形式沿奥氏晶界分布。随温度降低，渗碳体量不断增多，而奥氏体量逐渐减少，其成分沿 ES 线向共析成分接

近。当冷却至合金线与 PSK 线的交点 4 时,达到共析成分($\omega_C = 0.77\%$)的剩余奥氏体发生共析转变,转变为珠光体。温度再继续下降,其组织基本不发生变化,故其室温组织是珠光体与网状二次渗碳体。

$\omega_C = 1.2\%$ 过共析钢的显微组织如图 4-23 所示,图中呈黑白相间的片状组织为珠光体,白色网状组织为二次渗碳体。所有过共析钢的冷却过程都与合金④相似,其室温组织是珠光体与网状二次渗碳体。但随碳含量的增加,珠光体量逐渐减少,二次渗碳体量逐渐增多。当碳的质量分数达到 2.11% 时,二次渗碳体的量达到最大值,其相对量为 22.6%。二次渗碳体以网状分布在晶界上,将明显降低钢的强度和韧性;因此,在使用过共析钢之前,应采用热处理方法消除网状二次渗碳体。

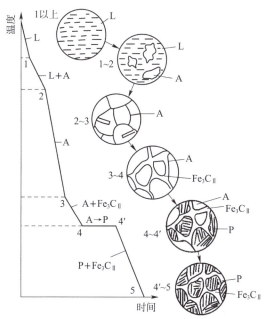

图 4-22 过共析钢的结晶过程及组织

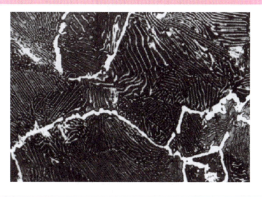

图 4-23 过共析钢组织金相图

❺ 共晶白口铸铁($\omega_C = 4.3\%$)

图 4-15 中的合金⑤为 $\omega_C = 4.3\%$ 的共晶白口铸铁,其平衡结晶过程及组织转变如图 4-24 所示。合金⑤沿合金线自高温缓慢冷却时,温度在 1 点以上时全部为液相(L),当缓慢冷却至 1 点(C 点)温度(1148℃)时,液态合金发生共晶反应,同时结晶出成分为 E 点的奥氏体(A)和

成分为 F 点的渗碳体，即莱氏体 Ld。继续冷却，开始从共晶奥氏体中析出二次渗碳体（Fe_3C_{II}），随温度降低，二次渗碳体量不断增多，而共晶奥氏体量逐渐减少，其成分沿 ES 线向共析成分接近。当冷却至 2 点时，达到共析成分（$\omega_C = 0.77\%$）的剩余共晶奥氏体发生共析反应，转变为珠光体，分布在渗碳体的基体上，这种组织称为低温莱氏体或变态莱氏体。温度再继续下降，其组织基本不发生变化。故共晶白口铸铁的室温组织是低温莱氏体，如图 4-25 所示，图中黑色颗粒部分为珠光体，白色基体为渗碳体（共晶渗碳体和二次渗碳体连在一起，分辨不开）。由于低温莱氏体的基体相是渗碳体，所以低温莱氏体的硬度高，但塑性很差。

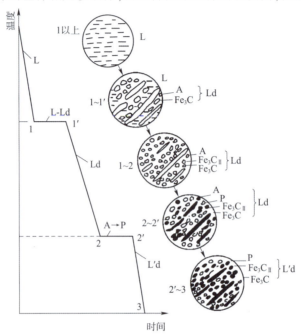

图 4-24　共晶白口铸铁的结晶过程及组织

图 4-25　共晶白口铸铁组织金相图

❻ 亚共晶白口铸铁（$2.11\% < \omega_C < 4.3\%$）

图 4-15 中的合金⑥为 $\omega_C = 3.0\%$ 的亚共晶白口铸铁，其平衡结晶过程及组织转变如图 4-26 所示。合金⑥沿合金线自高温缓慢冷却时，在温度 1 点以上全部为液相（L），当缓慢冷却至 1 点的温度时，开始从液相中结晶出初生奥氏体。随温度的下降，奥氏体量逐渐增多，其成分沿 AE 线变化，而剩余液相逐渐减少，其成分沿 AC 线变化，向共晶成分接近。当冷却至 2 点温度

（1148℃）时，剩余液相成分达到共晶成分（$\omega_C = 4.3\%$）而发生共晶反应，形成莱氏体 Ld。继续冷却，奥氏体中开始析出二次渗碳体（Fe_3C_{II}），其成分沿 ES 线向共析成分接近。随温度降低，二次渗碳体量不断增多，而共晶奥氏体量逐渐减少。当冷却至 3 点时，达到共析成分（$\omega_C = 0.77\%$）的奥氏体发生共析反应，转变为珠光体。故其室温组织由珠光体、二次渗碳体和低温莱氏体组成，其显微组织如图 4-27 所示，图中黑色枝状为珠光体，黑白相间的基体为低温莱氏体，珠光体周围的白色网状物为二次渗碳体。

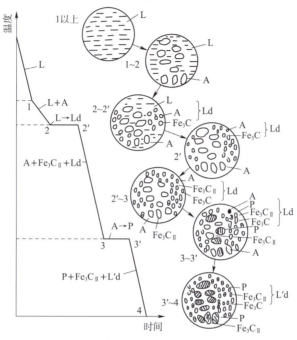

图 4-26 亚共晶白口铸铁的结晶过程及组织

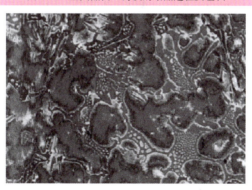

图 4-27 亚共晶白口铸铁组织金相图

所有亚共晶白口铸铁的冷却过程都与合金⑥相似，其室温组织是珠光体、二次渗碳体和低温莱氏体。但随碳含量的增加，低温莱氏体量逐渐增多，其他量逐渐减少。

❼ 过共晶白口铸铁 $4.3\% < \omega_C \leq 6.69\%$

图 4-15 中的合金⑦为 $\omega_C = 5.0\%$ 的过共晶白口铸铁，其平衡结晶过程及组织转变如图 4-28 所示，合金⑦自高温缓慢冷却时，温度在 1 点以上时全部为液相（L），当缓慢冷却至 1 点的温度时，开始从液相中结晶出板条状的一次渗碳体，此一次渗碳体将保留至室

温。随温度的下降,一次渗碳体量逐渐增多,剩余液相逐渐减少,其成分沿 *DC* 线变化,向共晶成分接近。当冷却至 2 点温度(1148℃)时,剩余液相成分达到共晶成分而发生共晶转变,形成莱氏体 Ld,其后的冷却过程与共晶白口铸铁相同。故其室温组织是低温莱氏体 L′d 和一次渗碳体,其显微组织如图 4-29 所示,图中白色条状为一次渗碳体,黑白相间的基体为低温莱氏体。

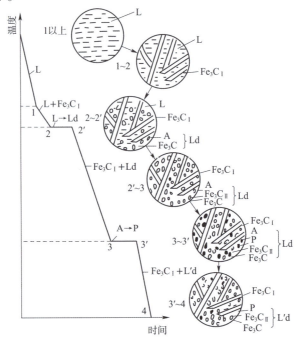

图 4-28 过共晶白口铸铁的结晶过程及组织

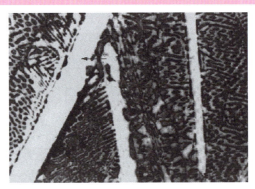

图 4-29 过共晶白口铸铁组织金相图

所有过共晶白口铸铁的冷却过程都与合金⑦相似,其室温组织是低温莱氏体 L′d 和一次渗碳体。但随碳含量的增加,一次渗碳体量逐渐增多,低温莱氏体 L′d 量逐渐减少。

四 铁碳合金的性能与组织、成分间的关系

1 碳对平衡组织的影响

从铁碳合金相图和不同成分合金冷却转变过程的分析可知,不同成分的合金在室温时有不同的平衡组织,随着含碳质量分数的增加,铁碳合金的组织会按以下顺序发生变化,即:

$$F \to F + P \to P \to P + Fe_3C_{II} \to P + Fe_3C_{II} + Ld' \to Ld' \to Ld' + Fe_3C_I$$

碳含量增加 →

随着含碳质量分数增加,铁碳合金的室温平衡组织中,渗碳体的数量增加,且渗碳体的形态、分布发生变化,因此,铁碳合金的力学性能也相应改变。铁碳合金的成分、组织组成、相组成及力学性能之间的变化规律如图4-30所示。

钢铁分类	工业纯铁	钢			白口铸铁		
		亚共析	共析	过共析	亚共晶	共晶	过共晶
组织特征		高温固态呈奥氏体			固态具有莱氏体组分		
高温组织变化规律	F / A+F	A+F / A / A+Fe₃C_II			L+A / A+Fe₃C_II+Ld	Ld	L+Fe₃C_I / Fe₃C_I+Ld
室温组织变化规律	F / P+Fe₃C_III	F+P	P	P+Fe₃C_II	P+Fe₃C_II+Ld'	Ld'	Ld'+Fe₃C_I
相组分相对量	F ··· Fe₃C						
组织组分相对量	F, P, Fe₃C_I, Ld'						
力学性能变化规律	A_K, HBS, R_m, A 曲线						

图4-30 铁碳合金组织、性能与成分的对应关系

随着含碳质量分数的增加,组织中的铁素体相对量逐渐减少,而渗碳体的相对量逐渐增加,同时渗碳体的形态和分布也在变化,形成不同的组织特征。在这些组织中,直接从奥氏体转变形成的铁素体,通常为多边形块状;而共析转变产生的铁素体,由于受同时析出的渗碳体的制约,因而呈片层状。直接从液体结晶析出的一次渗碳体,通常为长条状;而从奥氏体中析出的二次渗碳体沿奥氏体晶粒晶界结晶,呈网状,故称网状渗碳体;三次渗碳体也沿晶界析出,但数量少,呈细小片状。各种组织的组成相都是铁素体和渗碳体,但因其形态和分布不同,性能有较大的差异。

2 碳对力学性能的影响

铁碳合金的室温组织随着含碳质量分数增加,铁素体减少而渗碳体增加,其力学性能的变化如图4-31所示。

当$\omega_C < 0.9\%$时,含碳质量分数增加,钢的强度、硬度直线上升,塑性、韧性下降;而当$\omega_C > 0.9\%$时,由于网状渗碳体(Fe_3C_{II})的生成,塑性、韧性急骤下降,

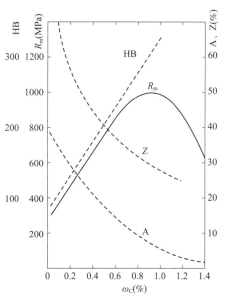

图4-31 亚共析钢碳含量对力学性能的影响

因此,强度也明显变差。当 $\omega_C = 1.3\% \sim 1.4\%$ 时,已不能保证工程上的使用。当 $\omega_C > 2.11\%$ 时,白口铸铁组织中的渗碳体更多,性能硬而脆,不能进行锻压,切削加工困难,工业上一般很少使用。

3 铁碳合金状态图的应用

铁碳相图从客观上反映了钢铁材料的组织随化学成分和温度变化的规律,因此,在工程上为选材及制定铸造、锻造、焊接、热处理等热加工工艺提供了重要的理论依据。

1) 选材方面的应用

Fe-Fe$_3$C 相图表明了组织随温度、成分变化的规律,根据组织可大致判断钢的力学性能,便于合理选材。例如,型材和建筑结构用材,要求良好的塑性、韧性和一定的强度,可选用 $\omega_C < 0.25\%$ 的低碳钢;对于承受冲击载荷和强度、塑性和韧性要求都较高的机械零件,可选用 $\omega_C = 0.25\% \sim 0.55\%$ 的中碳钢;对于各种工具、模具,要求高硬度且耐磨,可选用 $\omega_C > 0.55\%$ 的高碳钢。一些形状复杂、不受冲击而要求耐磨的拔丝模、冷轧辊、犁铧等工件,可考虑用白口铁铸造。

2) 金属热加工工艺方面的应用

(1) 在铸造生产上的应用。根据 Fe-Fe$_3$C 相图的液相线,可以找出不同成分的铁碳合金的熔点,从而确定合金合适的熔化温度和浇注温度(熔化浇注温度一般在液相线以上 50～100℃)。此外,根据相图可知,共晶成分的合金结晶温度最低,结晶过程的温度区间最小,因此铸造时流动性好、分散缩孔少、铸件组织致密。在铸造生产中广泛应用共晶成分或接近共晶成分的铸铁,铁碳相图与热加工温度之间的关系如图 4-32 所示。

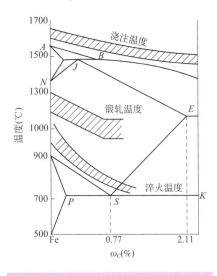

图 4-32 铁碳相图与热加工温度之间的关系

(2) 在锻压工艺上的应用。由 Fe-Fe$_3$C 相图可知,碳钢在高温时可获得单相的奥氏体组织,它的强度低,塑性好,有利于压力加工。因此,钢材锻压轧制时,坯料一般都加热到单相的奥氏体区。一般情况下,温度高则塑性好,但亦不宜过高,以免氧化和晶粒粗大,所以一般始锻温度控制在固相线下 100～200℃,终锻温度不能过低,以免塑性变差和加工硬化不能消除,加工变形会产生裂纹。对于共析钢和亚共析钢,终锻温度一般稍高于 GS 线;过共析钢一般控制在稍高于 PSK 线(727℃)的温度范围内。

从铁碳相图中可以看出,白口铸铁的组织主要是莱氏体,硬度高,脆性大,不适合于压力加工,而钢的高温固态组织为单相奥氏体,强度低,塑性好,易于锻压成型。

焊接时,从焊缝到母材各区域的温度是不同的,根据铁碳相图可知,在不同的温度下会获得不同的组织,冷却后也就可能出现不同组织与性能,这就需要在焊接后采用适当的热处理方法加以改善。

各种热处理工艺与铁碳相图有非常密切的关系,如图 4-33 所示。

(3) 在热处理工艺上的应用。Fe-Fe$_3$C 相图对热处理工艺具有特别重要的意义,各种热处理工艺的加热温度都是依据 Fe-Fe$_3$C 相图来选定的。在后面的项目中,将详细介绍相图在热处理工艺方面的应用。最后还应说明,Fe-Fe₃C 相图是平衡相图,即反映的是在极缓慢加热或冷却的条件下铁碳合金的相组织状况,没有反映时间的影响。在实际生产工作中,很少是极缓慢的加热和冷却,因此仅用平衡相图不能准确分析、解决实际生产的具体问题。同时,Fe-Fe₃C相图只反映了 Fe-C 二元合金系的相平衡关系,而实际使用的钢和铸铁往往含有或有意加入其他元素,这必然影响相组织平衡关系。所以有必要强调:Fe-Fe₃C 相图反映的是平衡条件下的相变、相组织、相成分和相的相对关系,对于实际生产中的相组织及其成分的相对关系,不能准确、定量地反映;但是,相图对于实际生产有重要的规律性和基础性的指导意义。

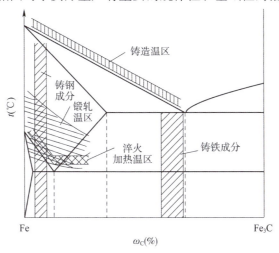

图 4-33　铁碳相图与热加工工艺规范的关系

小结

本项目主要介绍了以下内容:
(1) 纯铁的同属异构转变过程。
(2) 铁碳合金的基本组织的特性、符号表示及力学性能。
(3) 铁碳合金相图的组成,特性点、特性线的含义和铁碳合金的分类。
(4) 七种典型的铁碳合金平衡组织的结晶过程,铁碳合金的性能与组织、成分间的关系。
(5) 相图在钢铁材料的选用及热加工工艺的制定这两方面的应用。

思考与练习

一、名词解释
铁素体,奥氏体,渗碳体,珠光体,莱氏体,共析钢,亚共析钢,过共析钢。

二、填空题
1. 碳在奥氏体中的溶解度随温度而变化,在 1148℃ 时碳的质量分数可达_____,在727℃ 时碳的质量分数为_____。
2. 碳的质量分数为_____的铁碳合金称为共析钢,当加热后冷却到 S 点(727℃)时会发生_____转变,从奥氏体中同时析出_____和_____的混合物,称为珠光体。
3. 20℃ 的铁具有_____晶格,而 1000℃ 的铁具有_____晶格。

4. 奥氏体和渗碳体组成的共晶产物称为_____，其碳的质量分数为_____，温度低于727℃时，转变为珠光和渗碳体，此时称为_____。

5. 亚共析钢中碳的质量分数为_____，其室温组织为_____。

6. 过共析钢中碳的质量分数为_____，其室温组织为_____。

7. 铁碳合金相图最右端在碳的质量分数为6.69%处，也就是相当于_____成分位置。

8. 简化后的铁碳合金相图可以说由两个简单的二元相图组成，上部为_____相图，下部为_____相图。

9. 根据铁碳合金相图，常常把奥氏体的最大碳的质量分数2.11%作为_____和_____的分界线。

10. 铁碳合金中一共有三个相，即_____、_____和_____，但_____一般仅存在于高温下，所以室温下所有的铁碳合金中只有两个相。

11. 铁碳合金结晶过程中，从液体中析出的渗碳体称为_____，从奥氏体中析出的渗碳体称为_____，从铁素体中析出的渗碳体称为_____。

三、选择题

1. 铁碳合金相图中最大碳的质量分数为(　　)。
   A. 0.77%　　　　B. 2.11%　　　　C. 4.3%　　　　D. 6.69%

2. 发生共晶转变的碳的质量分数的范围是(　　)。
   A. 0.77%～4.3%　　B. 2.11%～4.3%　　C. 2.11%～6.69%　　D. 4.3%～6.69%

3. 铁碳合金共晶转变的产物是(　　)。
   A. 奥氏体　　　　B. 渗碳体　　　　C. 珠光体　　　　D. 莱氏体

4. 珠光体是(　　)。
   A. 铁素体与渗碳体的层片状混合物　　B. 铁素体与奥氏体的层片状混合物
   C. 奥氏体与渗碳体的层片状混合物　　D. 铁素体与莱氏体的层片状混合物

5. 铁碳合金共析转变的产物是(　　)。
   A. 奥氏体　　　　B. 渗碳体　　　　C. 珠光体　　　　D. 莱氏体

6. w_C<0.77%的铁碳合金冷却至A_3线时，将从奥氏体中析出(　　)。
   A. 铁素体　　　　B. 渗碳体　　　　C. 珠光体　　　　D. 莱氏体

7. w_C>4.3%的铸铁称为(　　)。
   A. 共晶白口铸铁　　B. 亚共晶白口铸铁　　C. 过共晶白口铸铁　　D. 共析白口铸铁

8. 铁碳合金相图中，ACD线是(　　)。
   A. 液相线　　　　B. 固相线　　　　C. 共晶线　　　　D. 共析线

9. 铁碳合金相图中的A_{cm}线是(　　)。
   A. 共析转变线　　B. 共晶转变线　　C. 碳在奥氏体中的固溶线
   D. 铁碳合金在缓慢冷却时奥氏体转变为铁素体的开始线

10. 工业上应用的碳钢，w_C一般不大于(　　)。
    A. 0.77%　　　　B. 1.3%～1.4%　　C. 2.11%～4.3%　　D. 6.69%

11. 铁碳合金相图中，S点是(　　)。
    A. 纯铁熔点　　　　　　　　　　B. 共晶点
    C. 共析点　　　　　　　　　　　D. 纯铁同素异构转变点

12. 理论上，钢中碳的质量分数一般在(　　)。

A.0.77%以下　　　　B.2.11%以下　　　　C.4.3%以下　　　　D.6.69%以下

13. 亚共析钢平衡冷却至室温时的显微组织为(　　)。

A. F + Fe$_3$C$_\text{III}$　　　　B. F + P　　　　C. P　　　　D. P + Fe$_3$C$_\text{II}$

14. 共析钢的 ω_C 是(　　)。

A.4.3%　　　　B.6.69%　　　　C.0.53%　　　　D.0.77%

15. 过共析钢平衡冷却至室温的显微组织为(　　)。

A. F + Fe$_3$C$_\text{III}$　　　　B. F + P　　　　C. P　　　　D. P + Fe$_3$C$_\text{II}$

四、简答题

1. 铁碳合金室温平衡状态下的基本相和组织有哪些？

2. 默画简化的 Fe-Fe$_3$C 相图,填写各区域的相和组织组成物,试述相图中特性点及特性线的含义。

3. 何谓一次渗碳体、二次渗碳体、三次渗碳体？

4. 写出铁碳合金中共晶转变、共析转变的温度、成分、产物和反应式。

5. 利用 Fe-Fe$_3$C 相图,说明碳的质量分数为 0.20%、0.45%、0.77%、1.2% 的铁碳合金分别在 500℃、750℃和 950℃的组织。

6. 何谓亚共析钢、共析钢、过共析钢？试分析碳的质量分数为 0.45%、0.77% 和 1.2% 的铁碳合金从液态缓冷至室温的结晶过程和室温组织。

7. 说明碳的质量分数为 3.2%、4.3% 和 4.7% 的铁碳合金从液态缓冷至室温的结晶过程和室温组织。

8. 随着碳含量的增加,钢的室温平衡组织和力学性能有何变化？

9. 根据 Fe-Fe$_3$C 相图,计算碳的质量分数为 0.45% 的钢显微组织中珠光体和铁素体各占多少？

10. 由于某种原因,一批钢材的标签丢失。经金相检验,这批钢材的组织为 F 和 P,其中 F 占 80%。试问这批钢材中碳的质量分数为多少？

11. 根据铁碳合金相图,回答下列问题。

(1) ω_C =1% 合金的硬度比 ω_C =0.5% 合金的硬度高。

(2) ω_C =1.2% 合金的强度比 ω_C =0.77% 合金的强度低。

(3) 为什么绑扎物体选用低碳铁丝,起重机吊运物体时选用中碳钢钢丝绳？

(4) 为什么要"趁热打铁"？

(5) 钢和铸铁都能锻造吗？为什么？

五、填表

名称	符号	组成相	晶体结构	组织特征	性能特点
铁素体					
奥氏体					
渗碳体					
珠光体					
莱氏体					

项目 5 金属材料的常规热处理

知识目标
1. 了解热处理的原理，明确钢在加热和冷却时的组织转变过程；
2. 掌握热处理的定义、实质、作用和分类；
3. 掌握常用热处理工艺的目的、方法和应用范围。

技能目标
1. 能够理解热处理过程中的基本原理；
2. 能够在不同金属材料中正确运用常规热处理工艺；
3. 能够应用热处理知识解决实际工程问题。

素养目标
1. 培养学生理论与实践融合共进的意识；
2. 培养新时代大学生以奋斗精神为核心要义的职业价值观。

概 述

热处理是将固态金属或合金采用适当的加工方式与工序进行加热、保温和冷却，从而获得所需要的组织和性能的一种工艺方法。

任务1 热 处 理

钢的热处理是指将钢在固态下加热、保温和冷却，以改变钢的组织结构，获得所需要性能的一种工艺。为简明表示热处理的基本工艺过程，通常用温度—时间坐标绘出热处理工艺曲线，如图 5-1 所示。

热处理是一种重要的金属热加工工艺，在机械制造工业中应用广泛，例如汽车中需热处理的零件占 70%～80%，各种工具、模具及轴承等零件需 100% 的热处理，如果把预备热处理也包括进去，则几乎所有的零件都需要热处理。正确的热处理不仅可以改善钢材的工艺性能和使用性能，充分挖掘材料潜力，延长零件的使用寿命，提高产品质量，节约资源，还可以消除材料内在缺陷、细化晶粒、降低内应力等。

热处理区别于其他加工工艺,如铸造、压力加工等的特点是只通过改变工件的组织来改变性能,而不改变其形状。钢材之所以能进行热处理,是由于钢在固态下具有相变,对于在固态下不发生相变的金属是不能用热处理的方法强化的。热处理原理是描述热处理时钢中组织转变的规律。根据热处理原理制订的温度、时间、介质等参数称为热处理工艺。

热处理依加热、冷却方式等不同,分类如图 5-2 所示。

热处理目的主要有两个:一是充分发挥钢的潜力,延长零件的使用寿命;二是改善零件的工艺性能,提高加工质量,减轻刀具磨损。

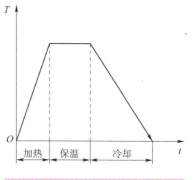

图 5-1　钢的热处理工艺曲线

热处理可分为预备热处理与最终热处理。预备热处理是指为随后的加工(冷拔、冲压、切削)或进一步热处理做准备的热处理。最终热处理是指赋予工件所要求的使用性能的热处理。

铁碳合金平衡状态图上钢的组织转变临界温度 A_1、A_3、A_{cm} 是在平衡条件下得到的,而实际热处理生产中加热或冷却都比较快,所以热处理时的实际相变温度总要稍高或稍低于平衡相变温度,即存在一定的"过热度"或"过冷度"。通常把实际加热时的相变温度标以字母"c",如 Ac_1、Ac_3、Ac_{cm};而把实际冷却时相变温度标以字母"r",如 Ar_1、Ar_3、Ar_{cm}。

铁碳合金相图中 PSK、GS、ES 线分别用 A_1、A_3、A_{cm} 表示。实际加热或冷却时存在着过冷或过热现象,因此将钢加热时的实际转变温度分别用 Ac_1、Ac_3、Ac_{cm} 表示;冷却时的实际转变温度分别用 Ar_1、Ar_3、Ar_{cm} 表示,加热、冷却时钢的相变点如图 5-3 所示。因加热冷却速度直接影响转变温度,因此一般手册中的数据以 30~50℃/h 的速度加热或冷却时测得。

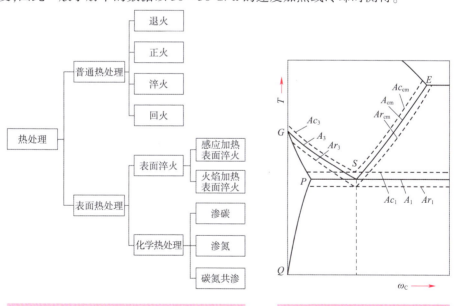

图 5-2　热处理的分类　　　　图 5-3　加热、冷却时钢的相变点

目前的热处理设备种类很多,一般按它们在热处理生产过程中所起的作用分为:主要设备和辅助设备两大类。主要设备是完成热处理主要工序所用的设备,包括加热和冷却设备,以加热设备最为重要,加热设备有各种加热炉和加热装置。辅助设备是完成各种工序过程中起辅

助作用的设备及各种工夹具,主要包括清洗设备、起重运输设备、控制气氛制备设备和各种工夹具等。

热处理设备按其特点分类如下。
(1)按加热方式,可分为加热电阻炉、直接加热电阻炉。
(2)按热源,可分为电阻炉、燃料炉和各种表面加热装置。
(3)按加热介质,可分为自然气氛炉、浴炉、真空炉等。
(4)按工作温度,可分为低温炉、中温炉和高温炉。
(5)按功能不同,可分为淬火炉、退火炉、回火炉、渗碳炉、氮化炉等。
(6)按炉型结构,可分为箱式炉、井式炉、台车式炉、推杆式炉等。
(7)按作业规程,可分为周期作业炉、连续作业炉。

任务 2　钢的奥氏体化

加热是热处理的第一道工序,加热的目的主要是使金属奥氏体化。加热分两种:一种是在 A_1 以下加热,不发生相变;另一种是钢加热 Ac_3 至 Ac_1 或以上,以全部或部分获得奥氏体组织的操作,称为奥氏体化。钢进行奥氏体化的保温温度和保温时间分别称为奥氏体化温度和奥氏体化时间。

奥氏体的形成过程奥氏体化也是形核和长大的过程,分为四步。现以共析钢为例说明,图 5-4 所示为共析碳钢奥氏体化过程。

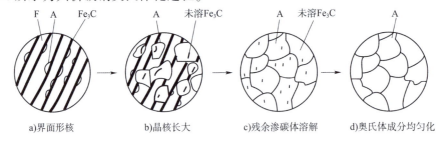

图 5-4　共析碳钢奥氏体化过程示意图

(1)第一步:奥氏体晶核形成。当温度升至 Ac_1 时,首先在铁素体与渗碳体的相界上形成奥氏体晶核。

(2)第二步:奥氏体晶核长大。奥氏体晶核周围的铁素体逐渐转变为奥氏体,使奥氏体不断长大。

(3)第三步:残余 Fe_3C 溶解。铁素体在成分和结构上比渗碳体更接近于奥氏体,因而先于渗碳体消失,而残余渗碳体则随保温时间延长不断溶解直至消失。

(4)第四步:奥氏体成分均匀化。渗碳体溶解后,其所在部位碳的质量分数仍比其他部位高,需通过较长时间的保温使奥氏体成分逐渐趋于均匀。

由此可见,热处理后之所以需要一定的保温时间,不仅为了使零件热透和内部组织完全相变,也是为了形成化学成分均匀的奥氏体,以便冷却后获得良好的组织和性能。

对于亚共析钢,加热至 Ac_1 以上,原室温组织中的珠光体转变成奥氏体,而铁素体只有加热至 Ac_3 以上时,才会全部转变成为奥氏体。

对于过共析钢,加热至 Ac_1,原室温组织中的珠光体发生奥氏体转变,随着温度的升高,

Fe_3C_{II}（二次渗碳体）逐渐溶入奥氏体，但只有加热到 Ac_{cm} 温度以上时，Fe_3C_{II} 才会完全溶入奥氏体，形成单一均匀的奥氏体组织，因此钢的加热过程实质上是奥氏体化过程。

任务3　奥氏体的晶粒大小及其影响因素

钢在加热时所获得的奥氏体晶粒大小将直接影响冷却后的组织和性能。

1 奥氏体的晶粒度

奥氏体晶粒大小的表示方法有三种，即晶粒的平均直径（d）、单位面积内的晶粒数目（n）、晶粒度等级（N）。

晶粒度是表示晶粒大小的尺度，通常国家标准采用晶粒度等级图来对比表示，如图5-5所示。通常是在放大100倍的金相显微镜下进行晶粒度的观察，并进行评定，将其与标准晶粒度等级图比较来判定，按照国家标准钢的奥氏体晶粒度分为8级，其中1～4级为粗晶粒，5～8级为细晶粒，超过8级为超细晶粒。图5-5所示为钢的标准晶粒度等级图。

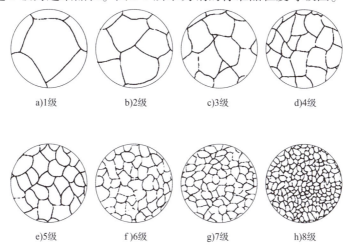

图5-5　钢的标准晶粒度等级图（100倍）

奥氏体晶粒大小对钢材力学性能的影响主要表现为如下。

（1）奥氏体晶粒均匀细小，热处理后钢的力学性能提高。

（2）粗大的奥氏体晶粒在淬火时容易引起工件产生较大的变形甚至开裂。

奥氏体晶粒大小的控制因素主要有如下。

（1）加热温度和保温时间。加热温度越高，保温时间越长，奥氏体晶粒越粗大，因为这与原子扩散密切相关。

（2）加热速度。加热速度越快，过热度越大，奥氏体实际形成温度越高，形核率越高，晶粒越细。

2 钢化学成分

碳全部溶于奥氏体时，随奥氏体中碳质量分数的增加，晶粒长大倾向增大。随奥氏体中碳质量分数的增加，奥氏体晶粒长大倾向变大，但如果碳质量分数超过某一限度时，钢中出现二次渗碳体，由于其阻碍晶界移动，反而使长大倾向减小。

阻碍奥氏体晶粒长大的元素有 Ti、V、Nb、Ta、Zr、W、Mo、Cr、Al 等碳化物和氮化物形成元素。促进奥氏体晶粒长大的元素有 Mn、P、C、N。

此外,平衡状态的组织有利于获得细晶粒。奥氏体晶粒粗大,冷却后的组织也粗大,降低钢的力学性能,尤其是塑性。因此加热得到细而均匀的奥氏体晶粒是热处理的关键问题之一。在生产中,常采用"高温快速加热+短时保温"的方法获得细小的晶粒。

任务4 钢在冷却时的组织转变

经实践证明,同一化学成分的钢在加热到奥氏体状态后,若采用不同的冷却方法和冷却速度进行冷却,将得到形态不同的各种组织,从而获得不同的性能。这种现象已不能用 Fe-Fe$_3$C 状态图来解释了。因为 Fe-Fe$_3$C 状态图只能说明平衡状态的相变规律,而实际生产过程冷却速度远大于平衡状态。因此研究钢在冷却时的相变规律,对制订热处理工艺有着重要的意义。

在一定冷却速度下进行冷却时,奥氏体被冷却到 A_1 温度以下,尚未发生转变而暂时存在的奥氏体称为过冷奥氏体,也称亚稳奥氏体,它有较强的相变趋势。过冷奥氏体是非稳定组织,迟早要发生转变。随过冷度不同,过冷奥氏体将发生珠光体转变、贝氏体转变和马氏体转变三种类型转变。

常用的冷却方式通常有两种,即等温冷却和连续冷却,如图5-6所示。等温冷却即将钢件奥氏体化后,冷却到临界点(Ar_1 或 Ar_3)以下等温。

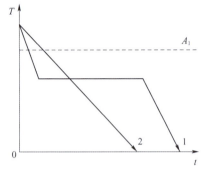

图5-6 奥氏体的冷却曲线
1—等温转变;2—连续冷却转变

待过冷奥氏体完成转变后再冷到室温的一种冷却方式,如图5-6中的曲线1,等温退火、等温淬火属于等温冷却;连续冷却即将钢件奥氏体化后,以不同的冷却速度连续冷却到室温,使过冷奥氏体在温度不断下降的过程中完成转变,如图5-6中的曲线2。

一 过冷奥氏体的等温转变图

(1)过冷奥氏体等温转变图的建立。以共析钢为例,其等温转变图的建立顺序如下。
①取一批小试样并进行奥氏体化。
②将试样分组放入低于 A 点的不同温度的盐浴中,隔一定时间取一试样淬入水中。
③测定每个试样的转变量,确定各温度下转变量与转变时间的关系。
④将各温度下转变开始时间及终了时间标在温度—时间坐标中并分别连线,转变开始点的连线称为转变开始线,转变终了点的连线称为转变终了线。

图5-7所示为共析钢过冷奥氏体等温转变图,$A_1 \sim M_s$ 间及转变开始线以左的区域为过冷奥氏体区。转变终了线以右及 M_f 以下为转变产物区。两线之间及 M_s 与 M_f 之间为转变区(M_s 为马氏体转变开始温度、M_f 为马氏体转变终了温度,又称马氏体点)。

该曲线像字母C,通常称C曲线,也称TTT曲线。由于过冷奥氏体在各个温度上等温转变时,都要经过一段孕育期,孕育期的长短反映了过冷奥氏体稳定性的不同,大约550℃处,孕育期最短,在这个温度上等温转变时,奥氏体最不稳定。

(2)过冷奥氏体等温冷却转变曲线分析。C曲线表示奥氏体急速冷却到临界点 A_1 以下在各不同温度下的保温过程中转变量与转变时间的关系曲线,图5-8所示为共析钢过冷奥氏体等温冷却转变的曲线。在不同过冷度下对共析钢进行等温冷却,有以下三种类型的组织转变。

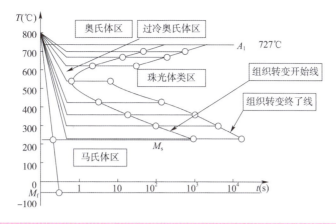

图 5-7　TTT(C)曲线的建立(以共析碳钢为例)

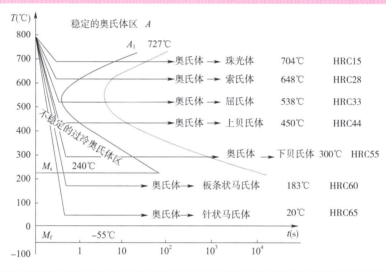

图 5-8　共析钢过冷奥氏体等温冷却转变的曲线

①珠光体型转变(高温组织转变)。过冷奥氏体在 A_1 ~550℃温度范围内的组织转变称为珠光体型转变,又称高温转变。其组织转变的产物是珠光体型组织。当转变温度为 A_1 ~650℃之时,得粗片状珠光体,组织形态接近平衡状态下的珠光体,仍称为珠光体,用字母 P 表示;转变温度在 650~600℃时得到细片状珠光体,称为索氏体,用字母 S 表示;转变温度在 600~550℃时得到极细片状珠光体,称为托氏体或屈氏体,用字母 T 表示。过冷度越大,珠光体的片层越细,其强度和硬度越高。珠光体、索氏体、托氏体三种组织本质上无区别,只是形态上的粗细之分,如图 5-9 ~ 图 5-11 所示。

②贝氏体型转变(中温组织转变)。当过冷奥氏体的转变温度在 550℃ ~ M 点(过冷奥氏体开始发生马氏体相变温度)时,发生贝氏体型转变,又称中温转变。其转变产物为贝氏体组织,用字母 B 表示,贝氏体是铁素体与极细渗碳体的机械混合物。

当转变温度较高(550 ~ 350℃)时,得到极细渗碳体分布于铁素体针之间的羽毛状组织,称为上贝氏体($B_上$),如图 5-12 所示;当转变温度较低(350 ~ M_s)时,得到铁素

a)500倍　　　b)8000倍

图 5-9　珠光体

体针内保留有极细渗碳体的竹叶状组织,称为下贝氏体($B_下$),如图 5-13 所示。下贝氏体除了具有较高的强度和硬度外,还具有较大的塑性和韧性,而上贝氏体却具有较大的脆性,因此,在生产中常采用等温淬火得到下贝氏体组织。贝氏体转变属半扩散型转变,即只有碳原子扩散而铁原子不扩散,晶格类型改变是通过切变实现的。

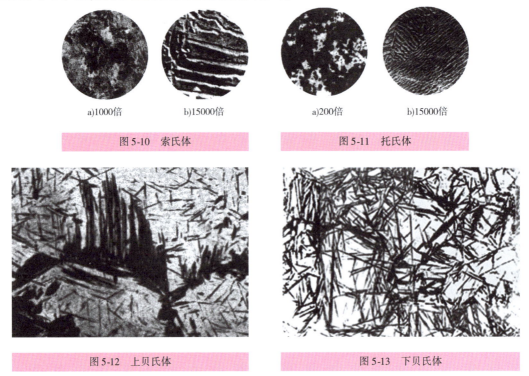

a)1000倍 b)15000倍

图 5-10 索氏体

a)200倍 b)15000倍

图 5-11 托氏体

图 5-12 上贝氏体

图 5-13 下贝氏体

③马氏体型转变(低温组织转变)。当过冷奥氏体在 $M_s \sim M_f$ 温度范围时,将转变为马氏体组织(碳在 α-Fe 中的过饱和固溶体称马氏体,用 M 表示),该转变属于低温区的变温转变,又称为马氏体型转变。马氏体转变时,奥氏体中的碳全部保留到马氏体中。

二、影响 C 曲线的因素

1. 成分的影响

(1)碳含量的影响。共析钢的过冷奥氏体最稳定,C 曲线最靠右。M_s 与 M_f 点随碳质量分数的增加而下降。与共析钢相比,亚共析钢和过共析钢 C 曲线的上部各多一条先共析相的析出线。

(2)合金元素的影响。除 Co 外,凡溶入奥氏体的合金元素都使 C 曲线右移,也就是说增加了过冷奥氏体的稳定性。

2. 奥氏体化条件的影响

奥氏体化温度提高和保温时间延长,使奥氏体成分均匀、晶粒粗大、未溶碳化物减少,从而增加了过冷奥氏体的稳定性,使 C 曲线右移。

任务 5 共析钢过冷奥氏体连续冷却转变曲线

在实际生产中,除少数情况(如等温淬火等)采用过冷奥氏体等温转变外,大量热处理采用的是不同冷却速度的连续冷却转变,过冷奥氏体连续冷却转变比等温转变复杂,共析钢连续冷却时没有贝氏体转变区,在珠光体转变区之下多了一条转变中止线,这种曲线我们称为CCT曲线。当连续冷却曲线碰到转变终止线时,珠光体转变终止,余下的奥氏体一直保持到M_s以下转变为马氏体。

图5-14中虚线为共析钢过冷奥氏体等温转变曲线,实线为连续冷却转变曲线。由图5-14可知:

(1)v_1炉冷,在700~650℃与CCT曲线的转变开始线相交,得到P组织。

(2)v_2和v_3空冷,在650~600℃与CCT曲线的转变开始线相交,得到S和T组织。

(3)v_4油冷,在600~450℃与CCT曲线的转变开始线和终止线相交,得到T+M+A′组织。

(4)v_k与CCT曲线相切,是得到M最小的冷却速度,称为临界冷却速度,其大小受很多因素的影响,凡能增加过冷奥氏体稳定性的因素,都可使临界冷却速度v_k变小。

(5)v_5水冷,过冷奥氏体一直连续冷却到M以下转变为M_s得到M+A′组织。

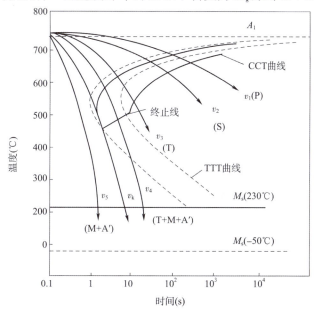

图5-14 过冷奥氏体等温、连续冷却转变曲线

在实际生产中,过冷奥氏体连续冷却转变对于确定热处理工艺及选材更具有实际意义。马氏体转变是钢件热处理强化的主要手段,几乎所有的要求高强度的钢都是通过淬火来实现,因此了解马氏体相变特点、相变过程及其相变后材料的性能变化对利用相变来控制材料的组织,获得所要求的性能具有重要的理论和实际意义。

一 马氏体转变的条件

若将过冷奥氏体激冷至M_s点以下,此时由于温度极低,过冷度很大,转变速度非常快,此相变即为马氏体转变,其转变产物为马氏体组织,用字母M表示,马氏体转变必须具备以下两个条件。

(1)过冷奥氏体必须以大于临界冷却速度(获得全部马氏体组织的最小冷却速度)冷却,以避免过冷奥氏体发生珠光体和贝氏体转变。

(2)过冷奥氏体必须迅速过冷到M温度以下。

二 马氏体的晶体结构

奥氏体为面心立方晶体结构,当过冷至 M 温度以下时,其晶体结构将由面心立方转变为体心立方。由于转变温度很低、转变速度很大,致使所有溶解在原奥氏体中的碳原子来不及析出而保留下来。

晶格由原来的立方晶格转变成正方晶格,接近于 α-Fe 的晶体结构,如图 5-14 所示。因此马氏体定义为:碳溶入 α-Fe 中所形成的过饱和间隙式固溶体。

三 马氏体的组织形态

钢中马氏体组织形态主要有:板条状马氏体和针片状马氏体两种类型,如图 5-15、图 5-16 所示。马氏体的组织形态主要取决于马氏体中的碳含量。当碳的质量分数低于 0.2% 时,得到板条状马氏体,如图 5-15 所示;当马氏体中碳的质量分数大于 0.6% 时得到针片状马氏体,如图 5-16 所示;当马氏体中碳的质量分数介于 0.2%～0.6% 时,则得到板条马氏体和片状马氏体的混合组织。

图 5-15　针状马氏体　　　　　图 5-16　板条状马氏体

板条状马氏体组织由相互平行的、尺寸大致相同的一束束长条晶体组成,且内部存在大量位错。所以板条状马氏体也称为位错马氏体,马氏体形成时出现显微裂纹的可能性就小。

片状马氏体在光学显微镜下呈针状或竹叶状,内部存在大量孪晶,也称为孪晶马氏体,马氏体的长大受晶界、第二相以及先形成的马氏体的阻碍影响,特别是后形成的马氏体对先形成的马氏体有撞击作用,因此易产生微裂纹,这种显微裂纹在应力作用下会逐渐扩展,互相连通,发展成宏观裂纹,导致工件脆性开裂。

四 马氏体的性能

马氏体力学性能的显著特点是具有高硬度和高强度。马氏体的硬度主要取决于马氏体中碳的过饱和程度,当碳质量分数达到 0.6% 以上时,硬度变化趋于平缓,如图 5-17 所示,而其他合金元素对马氏体的硬度影响不大。

但对淬火钢的回火性能有影响,马氏体强化的主要原因是固溶强化。

五 马氏体转变的特点

1 马氏体转变的非恒温性和无扩散性

由于马氏体转变温度低,过冷度极大,故奥氏体中的铁、碳原子不能进行扩散,只进行

γ-Fe-α-Fe 的晶格切变,属于无扩散型转变,为使转变继续进行,必须继续降低温度,所以马氏体转变是在不断降温的条件下才能进行。马氏体转变量是温度的函数,与转变时间无关。M_s、M_f 与冷速无关,主要取决于奥氏体中的合金元素含量(包括碳含量)。

❷ 马氏体转变的共格切变和表面浮凸

既然马氏体转变无扩散,其成分不发生任何改变。因而它必然以某种原子集体位移的方式进行,这就是切变位移,预先磨光表面的试样,在马氏体相变后表面产生凸起,这种现象称为表面浮凸现象,在加热升温到一定温度时会消失。

❸ 马氏体转变具有不完全性

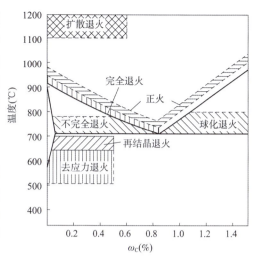

图 5-17　退火和正火加热温度范围

马氏体转变不能 100% 地进行到底,总有一部分奥氏体保留下来,称为残余奥氏体,用字符 A' 表示。残余奥氏体的存在影响零件的淬火硬度和尺寸稳定,对于某些精密零件常进行冷处理(-80℃以下),尽量减少残余奥氏体含量,保证零件尺寸的长期稳定性。

❹ 生长速度极快

一片马氏体在 $5×10^{-7} \sim 5×10^{-5}$ s 时间内生成,即使在 -20~196℃ 也是同样快速,因此,马氏体是瞬间形成瞬间长大,一旦形成不再长大。

任务 6　钢的热处理工艺

一　退火与正火

在机械零件和工模具的加工制造过程中,退火与正火是应用很广泛的热处理工艺,作为预先热处理工序,一般安排在毛坯生产(铸、锻、焊)之后,用来消除冶金及热加工过程中产生的某些缺陷(残余应力、晶粒粗大、成分偏析、硬度偏高或偏低等),并为随后的工序(切削加工、最终热处理等)做准备。对于某些性能要求不高的零件,也可作为最终热处理。

❶ 退火

退火是将钢加热到适当温度,保温一定时间后,缓慢冷却(炉冷、坑冷、灰冷)的热处理工艺。退火的目的是降低硬度,提高塑性,改善切削加工性能;细化晶粒,消除组织缺陷,均匀组织和成分。消除或减小内应力稳定尺寸,防止变形和开裂以及为最终热处理做准备。根据钢的成分和退火目的不同,有完全退火、等温退火、球化退火、均匀化退火、去应力退火等,如图 5-17 所示。

(1)完全退火。完全退火的工艺是把钢件加热到 Ac_3 +(20~50)℃,保温后随炉缓冷至 600℃ 以下出炉空冷,其组织为"珠光体+铁素体"。

完全退火主要用于亚共析钢的铸、锻件及热轧型材,目的在于改善毛坯组织、细化晶粒、降低硬度、提高塑性,消除内应力,为切削加工和淬火做好组织准备。

完全退火不能用于过共析钢,因为缓冷时二次渗碳体会以网状形式沿奥氏体晶界析出,严重地削弱了晶粒与晶粒之间的结合力,使钢的强度和韧性大大降低。

(2) 等温退火。作为完全退火的特例,等温退火是将钢件加热到 Ac_3 + (20~50)℃(亚共析钢)或 Ar_1 + (20~50)℃(过共析钢),保温后以较快速度冷却到低于 Ar_1 的某一温度,并在此温度下停留一段时间,使奥氏体转变为珠光体型组织,然后出炉空冷的退火工艺。

等温退火可以大大缩短退火时间,而且由于组织转变时工件内外处于同一温度,故能得到均匀的组织和性能。主要用于处理高碳非合金钢、合金工具钢和高合金钢。

(3) 球化退火(也称为不完全退火)。球化退火是使片状珠光体中的渗碳体成为颗粒状(球状),这实际上是一种不完全退火。球化退火主要用于共析钢、过共析钢和合金工具钢,其目的是降低硬度,改善切削加工性,并为淬火做组织上的准备。

该工艺是把钢件加热到 Ac_1 + (20~50)℃,采用随炉加热,一般保温 2~4h,然后随炉缓冷,或在 Ac_1 - 20℃左右进行长时间的等温处理,使那些细小的二次渗碳体成为珠光体相变的结晶核心而形成球化组织,这样基体上弥撒分布着颗粒状渗碳体,称为球状珠光体,冷却到大约 600℃ 时出炉空冷,如图 5-18 所示。

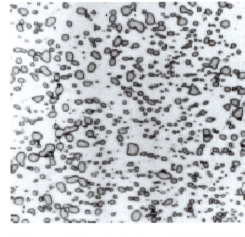

图 5-18 球化退火组织

球化退火与钢中的碳含量有关,随着碳含量的增加,在加热过程中未溶的碳化物就越多,形核率大,易于球化,因此高碳钢较低碳钢易于球化。但需特别注意,对于组织中存在着严重网状二次渗碳体的过共析钢,在球化退火前,必须先进行正火处理,以消除网状渗碳体利于球化。

(4) 均匀化退火(扩散退火)。均匀化退火是将钢加热到略低于固相线的温度 1050~1150℃,长时间保温 10~20h,然后随炉缓慢冷却。其目的是为了消除金属铸锭、铸件或锻坯的枝晶偏析,使化学成分均匀化的热处理工艺。其实质是使原子充分扩散,因此它是一种耗费能量很大,成本很高的热处理工艺,主要用于质量要求高的优质合金钢铸锭和铸件。

由于扩散退火在高温下长时间加热,奥氏体晶粒粗大,扩散退火后需再进行完全退火或正火,以细化晶粒、消除过热缺陷。

(5) 去应力退火。去应力退火是将钢加热到低于 Ac_1 的某一温度(一般是 500~600℃),保温后缓冷至 200℃ 以下出炉空冷的退火工艺。由于加热温度低于 Ac_1,钢在退火过程中不发生组织变化。其主要目的是消除工件在铸、锻、焊和切削加工过程中产生的内应力,稳定尺寸,减小变形。

(6) 再结晶退火。再结晶退火是把冷形变后的金属加热到再结晶温度以上保持适当时间,使变形晶粒重结晶为均匀等轴晶粒,以消除形变强化和残余应力的热处理工艺。钢材冷变形加工后,晶格发生扭曲,晶粒破碎或被拉长,同时产生加工硬化现象,使钢的强度、硬度升高,塑性、韧性降低,切削加工性和成型性变差。经过再结晶退火,消除了加工硬化,钢的力学性能恢复到冷变形前的状态。

再结晶温度与化学成分和冷塑性变形量有关。一般而言,形变量越大,再结晶温度越低,再结晶退火温度也越低,不同的钢都有一个临界变形量(为产生再结晶所需的最小变形量称为临界变形量)。

正火

正火是将钢件加热到 Ac_3（亚共析钢）或 Ac_{cm}（过共析钢）+ (30~50)℃，保温后在空气中冷却的热处理工艺，对于大件可采用鼓风或喷雾等方法冷却。

与退火相比，正火冷却速度较快，获得的组织细小，一般为索氏体组织，因此钢的硬度和强度也较高。对亚共析钢来说，珠光体数量较多且细小（为共析转变；碳质量分数低于 0.77% 而发生共析转变）；对过共析钢而言，若与完全退火相比较，正火不仅珠光体的片间距及团直径较小，而且可以抑制先共析网状渗碳物的析出，而完全退火则有网状渗碳物的存在。

正火只适于碳素钢及低、中合金钢，而不适于高合金钢。因为高合金钢的奥氏体非常稳定，即使在空气中冷却也会获得马氏体组织，故正火不适用于高合金钢件。

正火工艺是较简单、经济的热处理方法，主要应用于以下几个方面。

(1) 改善低碳钢的切削加工性能。由于金属的最佳切削硬度范围为 170~230HBS。碳质量分数低于 0.25% 的非合金钢和低合金钢，硬度较低，切削加工时容易黏刀，且加工的表面粗糙度很差，通过正火，可使硬度提高至 140~190HBS，改善了钢的切削加工性能。中碳以上的合金钢多采用退火，高碳钢类和工具钢应以球化退火为宜。

碳质量分数为 0.25%~0.50% 的钢或 0.25% 以下的钢，一般采用正火；碳质量分数为 0.50%~0.75% 的钢，一般则采用完全退火工艺；碳质量分数为 0.75%~1% 的钢，若用于制作弹簧，则用完全退火作为预备热处理，若用于制造工具，则采用球化退火做预备热处理；碳质量分数大于 1% 的钢，一般都用来制造工具，均采用球化退火作为预备热处理。

含较多合金元素的钢，过冷奥氏体特别稳定，C 曲线右移，在缓慢冷却条件下就能得到马氏体和贝氏体组织，因而应采用高温回火来消除应力，降低硬度，改善切削加工性能，如低碳高合金钢 18Cr2Ni4WA 没有珠光体转变，即使在极缓慢的冷却速度下退火，也不可能得到珠光体型组织，一般需用高温回火来降低硬度，以便于进行切削加工。

(2) 消除网状渗碳体以便于球化退火。

(3) 消除中碳钢热加工缺陷，并为淬火做好组织准备。中碳钢铸件、锻件、轧件、焊接件，在热加工后出现的魏氏组织、带状组织、晶粒粗大等过热缺陷，通过正火可细化晶粒，均匀组织，消除内应力。

(4) 提高普通结构零件的力学性能。一些受力不大、性能要求不高的中碳非合金钢和中碳合金钢零件采用正火处理，能达到一定的综合力学性能，对于形状复杂的零件或大型铸钢件则宜采用退火。

二 钢的淬火

淬火是将钢加热到 Ar_3 或 Ar_1 + (30~50)℃，保温后以大于临界冷却速度的速度迅速冷却，使过冷奥氏体转变为马氏体或下贝氏体组织的热处理工艺。淬火的目的是获得马氏体或下贝氏体组织，但这些组织不是所要的最终组织，淬火必须与回火适当配合，才能满足提高强度、硬度和耐磨性等要求。

钢件淬火后，再重新加热到 A_1 以下某一温度，保温一定时间后冷却到室温的热处理工艺称为回火。

淬火与回火在生产中是应用最广泛的热处理工艺，且是紧密配合在一起的，赋予工件最终的使用性能,是强化钢材、提高零件使用寿命的重要手段。通过淬火和适当温度的回火,可获得不同的组织和性能,满足各类零件或工具对使用性能的不同要求。

❶ 钢的淬火

淬火的质量取决于淬火的加热温度和冷却方式。其中,影响钢的淬火加热温度的主要因素是化学成分,如图5-19所示。

一般情况下,亚共析钢的淬火加热温度为$Ac_3+(20\sim50)℃$,属于完全淬火。若将亚共析钢加热到Ac_3以下,则原始组织中的铁素体未全部转变为奥氏体,淬火后会保留在马氏体中,使钢的淬火组织出现软点,达不到预期的硬度,造成硬度不足。

共析钢和过共析钢的淬火加热温度为$Ac_1+(20\sim50)℃$,属于不完全淬火,使淬火组织中保留一定数量的细小弥散的碳化物颗粒,以提高耐磨性。

如果淬火温度过高,渗碳体溶解过多,得到粗片状马氏体,残余奥氏体增多,钢的硬度反而下降,且变形开裂倾向加大。

合金钢中由于大多数合金元素在钢中均阻碍奥氏体晶粒长大,因此,为了使合金元素能充分溶解和均匀化,淬火温度要比非合金钢高。

❷ 淬火冷却

冷却是整个淬火过程的重要环节之一,影响冷却过程的主要因素就是淬火冷却介质。

淬火要得到马氏体,理想的淬火冷却曲线如图5-20所示,在整个冷却过程中:在650℃以上时,过冷奥氏体比较稳定,冷却速度应慢,可降低零件内部温差引起的热应力;在C曲线的"鼻子"附近650~550℃的温度范围,由于过冷奥氏体最不稳定,必须快冷,冷却速度大于v_k。

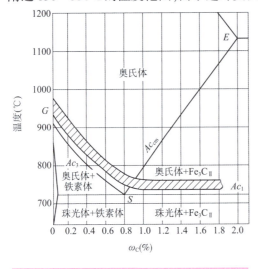

图5-19 淬火的加热温度范围

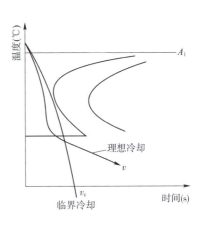

图5-20 理想的淬火冷却曲线

从而在M点附近300~200℃必须慢冷,此时过冷奥氏体进入马氏体转变区,零件内部主要是相变应力,可减少内应力引起的零件变形和开裂。

目前还未找到一种符合要求的理想淬火介质,常用的淬火介质是液体介质,有水、盐水和油等。

(1)水。水是最常用的淬火介质,适用于截面尺寸不大、形状简单的碳钢工件淬火冷却。其特点是冷却能力较强、来源广、价格低、成分稳定。但其冷却特性不理想,在需要快冷的C

曲线的"鼻尖"处（500～600℃），冷却速度较小，会形成"软点"；而在需要慢冷的马氏体转变温度区（300～100℃），冷却又太快，易使马氏体转变速度过快而产生很大的内应力，致使工件变形和开裂。此外，水温对水的冷却特性影响很大，水温升高，冷却能力急剧下降，淬火水温一般不应超过30℃。

（2）盐水和碱水。在水中加入适量的食盐和碱，可使高温区的冷却能力显著提高，零件淬火后能获得较高的硬度。其缺点是介质的腐蚀性较大，且在低温区（300～200℃）的冷却速度也很快。因此适用于形状简单、截面尺寸较大的碳钢及低合金结构钢工件的淬火，使用温度不应超过60℃，淬火后应及时清洗并进行防锈处理。

（3）矿物油。矿物油是一种应用广泛的冷却介质。油的冷却能力小，油温过高易着火，一般控制为60～80℃。油在低温危险区由于冷却速度缓慢，有利于减小零件的变形和开裂倾向。但是油的高温冷却能力也低，达不到碳钢淬火所需要的冷却速度。所以油只能用于过冷奥氏体较稳定的各类合金钢的淬火冷却。

多年来，国内外研制了许多新型聚合物水溶液（PVA、PVP、PAG等）淬火介质，特点是易在工件表面形成薄膜，使得冷却均匀，减少变形和开裂，且具有无毒、无烟、无腐蚀、不燃烧等优点，有利于创造安全卫生的生产环境。

3 淬火方法

为了控制淬火后的组织并减少变形和开裂，现已发展了各种淬火工艺方法，生产中优先考虑在技术和经济上最好的热处理工艺。淬火工艺方法一般按冷却方式的不同进行分类，主要有单介质淬火、双介质淬火、分级淬火和等温淬火等。

（1）单介质淬火。单介质淬火也称单液淬火，是将工件直接放入某一淬火介质中一直冷却到室温。这种淬火方法操作简单，缺点就是冷却速度受冷却介质特性的限制而影响淬火质量。一般情况下，碳素钢淬水、合金钢淬油。单介质淬火适用于形状简单的非合金钢和合金钢工件。

生产中为减小淬火应力，有时可采用"延时淬火"方法，即先在空气中或预冷炉冷却一定时间，再置于淬火介质中冷却。延时过程降低了工件进入淬火介质前的温度，减小了工件与淬火介质间的温差，因而可以减小淬火时的热应力和组织应力，从而减小工件淬火变形和开裂的倾向。

（2）双介质淬火。双介质淬火也称双液淬火，是将加热的工件先放入一种冷却能力较强的淬火介质中冷却，避免发生珠光体转变，然后转入另一种冷却能力较弱的淬火介质中冷却，让其发生马氏体转变的淬火方法。这种淬火方法利用了两种介质的冷却特性优点，既可以保证工件得到马氏体，又可以减小淬火内应力，从而防止工件淬火变形和开裂。这种淬火方法操作复杂，必须准确掌握钢件由第一种介质转入第二种介质的温度。常用先水冷后油冷或先水冷后空冷等方法。双介质淬火适用于形状较复杂的高碳非合金钢零件和大型合金钢工件。

（3）分级淬火。分级淬火是将奥氏体化后的工件淬入温度略高于 M 点（150～260℃）的盐浴或碱浴中停留一定时间，待工件表层和心部温度基本一致后，取出空冷至室温，完成马氏体转变的淬火工艺。

由于分级温度的控制，使得工件内外温度均匀后空冷完成马氏体转变，不仅减小了淬火热应力，而且显著降低了组织应力，因而能更有效地减小或防止工件淬火变形和开裂。但由于盐浴或碱浴的冷却能力有限，因此只适于变形要求高的合金钢工件以及小尺寸形状复杂的零件。

（4）等温淬火。等温淬火是将工件淬入温度稍高于 M 点（260～400℃）的盐浴或碱浴中保持足够的时间,使过冷奥氏体等温转变为下贝氏体组织,然后取出在空气中冷却的淬火方法。

这种淬火方法可获得下贝氏体组织,因而零件强度高、塑性和韧性好,具有良好的综合力学性能,同时淬火应力小,变形小,可显著减小工件变形和开裂的倾向。这种方法适用于形状复杂、尺寸较小、强韧性要求高的各种中高碳以及低合金钢工件。

冷处理为了最大限度地减少残余奥氏体的含量,进一步提高工件淬火后的硬度和防止工件在将来的使用过程中因残余奥氏体的分解而引起变形。因此,生产中把淬火冷至室温的钢件继续冷却到 $-80 \sim -70℃$(或更低温度),保持一段时间,使残余奥氏体充分转变为马氏体,这种方法称为冷处理。冷处理必须在工件冷至室温后立即进行,一般规定间隔时间不超过 $0.3 \sim 1h$。

(5)其他淬火方法。

①真空加热气冷淬火。工件在真空炉加热后进入气冷室,利用气体冷却介质进行淬火。常用的淬火气体有氮、氢、氦等。真空加热气体淬火的优点是零件变形小,表面光亮无氧化脱碳现象。

②锻造余热淬火。零件在高温奥氏体状态锻造后,利用锻造余热进行直接淬火,该方法既节能,且钢的淬透性和强韧性显著提高。

③加压淬火容易变形的零件,如齿轮、锯片、钢板、弹簧等,为有效地防止变形常在加压状态下淬火。一般都在淬火压床、淬火压力校正机上进行。

④局部淬火。某些零件按工作条件只要求局部高硬度,可进行局部淬火。

4 钢的淬透性与淬硬性

(1)基本概念。钢的淬透性是指钢淬火时,获得马氏体的能力,与钢的过冷奥氏体稳定性有关,其大小用钢在一定条件下淬火获得的有效淬硬层深度来表示。

实际上,淬火时工件截面上各处的冷却速度不同,表面的冷却速度较大,而心部冷却速度最小,如果心部的冷却速度小于临界冷却速度,则心部会有非马氏体组织。实际生产中,一般规定为由钢的表面至半马氏体区(即马氏体和非马氏体组织各占50%的区域)的距离作为有效淬硬层的深度。显然,有效淬硬层深度越深,表明钢的淬透性越好。

必须注意,淬透性与淬硬性是两个不同的概念。淬硬性是指钢在正常淬火条件下形成的马氏体组织所能达到的最高硬度。它主要取决于马氏体中碳的质量分数,碳质量分数越大,硬度就越高。淬硬性好的钢,其淬透性并不一定好。淬透性是钢材本身的固有属性,与外部因素无关,例如同一种钢制成同样大小的零件,水淬比油淬得到的有效淬硬层深度大,但不能说水淬比油淬的淬透性好。

(2)影响淬透性的因素。钢的淬透性表示钢淬火时获得马氏体的能力,它反映钢的过冷奥氏体稳定性,即与钢的临界冷却速度有关。C曲线右移,v_k越小的钢,淬透性越好。而影响v_k的基本因素是钢的化学成分和奥氏体化条件。

①化学成分。钢的化学成分影响C曲线的位置,C曲线越靠右,临界冷却速度越小,淬透性就越好。除钴以外的合金元素加热后溶入奥氏体中,均使C曲线右移,所以合金钢的淬透性比碳钢好。

②加热条件。适当提高奥氏体化的温度和延长保温时间,可使奥氏体晶粒越粗大,成分更均匀,增加过冷奥氏体的稳定性,C曲线越向右移,v_k减小,淬透性越好。在上述影响淬透性的诸因素中,主要影响淬透性的因素是钢的化学成分,尤其是钢中的合金元素。

(3)淬透性在生产中的应用。钢的淬透性对其力学性能影响很大,若钢件被淬透,回火后整个截面上的性能均匀一致;若钢的淬透性差,钢件心部未淬透,经过淬火回火后的钢件性能就表里不一,心部强度和韧性较低,则不能充分发挥材料的性能潜力。因此,选材时必须对钢的淬透性有所了解。

对于截面尺寸较大、形状复杂和截面力学性能要求均匀的重要工件,如在动载荷条件下工作的重要零件,以及承受拉力和压力的连杆螺栓、锻模等重要零件,为了增加有效淬硬层深度,必须选择高淬透性的钢材。

对于承受弯曲、扭转应力的零件(如轴类)以及表面要求耐磨并承受冲击载荷的一些模具,因应力集中在工件表层,故不需要全部淬透,淬硬层深度一般为工件半径或厚度的 1/3 ~ 1/2。则可选用淬透性较低的钢焊接件,一般不选用淬透性高的钢。否则,会在焊缝区及热影响区出现淬火组织,导致焊件变形开裂。

三 钢的回火

回火是把已淬火的钢件重新加热到 Ac_1 以下某一温度,保温后进行冷却的热处理工艺。回火是紧接着淬后进行的(除等温淬火外),目的是合理调整钢材的强度和硬度,稳定组织,降低或消除工件的淬火内应力,减少变形和开裂。

1 钢在回火时的组织转变

(1)马氏体中碳原子的偏聚。马氏体是碳在 α-Fe 中的过饱和的间隙固溶体,碳原子位于体心正方点阵的扁八面体间隙位置中心,这使晶体产生较大弹性变形,这部分弹性变形能就储存在马氏体晶体内,加之晶体点阵中的微观缺陷较多,因此使马氏体的内能较高,处于不稳定状态。

①低碳位错型马氏体中碳原子的偏聚。在 20~100℃ 的温度范围内,碳原子可以通过扩散发生偏聚,碳原子从间隙位置迁出,迁入微观缺陷比较集中的地方,这样可以使马氏体的内能降低,是一个自发的过程。由于板条状马氏体晶内存在大量的位错,因此碳原子倾向于在位错线附近偏聚,组成碳原子偏聚区。这样,间隙位置的弹性变形减小,能量降低。

②高碳片状马氏体中碳原子的富集区。高碳片状马氏体由于亚结构是孪晶,所以,碳原子在片状孪晶马氏体中不能形成偏聚区。但碳原子可以在马氏体的某一晶面上富集,形成碳浓度比平均碳浓度高的碳原子富集区。从能量角度来看,富集区的能量高于偏聚区的能量,稳定性较差,它的存在将使马氏体点阵发生畸变,随富集区的数量增加,畸变量也增加,硬度将有所提高。

(2)马氏体的分解。当回火温度超过 80℃ 时,马氏体发生分解,片状马氏体在 100~250℃ 回火时,将析出 ε-Fe_xC 碳化物;碳质量分数小于 0.2% 的板条状马氏体,碳原子在位错线附近聚集,在 200℃ 以下时没有 ε-Fe_xC 碳化物析出;高碳钢在 350℃ 以下回火时,马氏体分解后形成的。相和弥散的 ε-Fe_xC 碳化物组成的混合物称为回火马氏体 $M_回$。

(3)残余奥氏体转变。随回火温度的升高、马氏体的分解,在 200~300℃ 时,残余奥氏体发生分解,可能转变为回火马氏体或下贝氏体。通常,若回火温度低于 M 点,残余奥氏体转变为马氏体,然后分解为回火马氏体;若回火温度高于 M 点(贝氏体转变温度区),残余奥氏体将转变为下贝氏体。

(4)碳化物的转变。回火温度达 250~400℃ 时,马氏体中过饱和的碳几乎全部析出,将形成稳定的碳化物渗碳体 Fe_3C,此时回火马氏体转变成保持马氏体形态的铁素体基体上分布着极细小的渗碳体颗粒,这种组织成为回火托氏体 $T_回$。

(5) α 相的回复与再结晶及碳化物聚集长大。回火温度在 400℃ 以上时,将发生 α 相的恢复与再结晶及碳化物聚集长大的回火转变,这种由颗粒渗碳体和等轴相组成的组织称为回火索氏体 $S_回$。当温度高于 650℃ 以上时,细粒状的渗碳体会迅速聚集粗化,获得球状珠光体组织。

❷ 回火过程中性能的变化

在回火过程中,随着组织的变化,力学性能也发生变化。总的变化趋势是随回火温度的升高,硬度和强度降低,塑性和韧性提高,如图 5-21 所示。

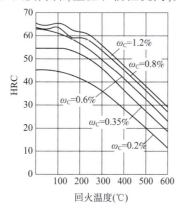
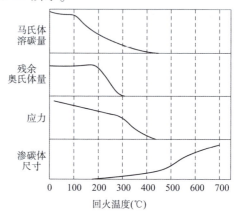

图 5-21 淬火钢回火时组织与应力的变化

合金元素可使钢的回火转变向高温区推移,减小了回火过程中硬度下降的倾向,提高了钢的回火稳定性。同时在高温回火时,强碳化物形成元素还可析出弥散的特殊碳化物,使得钢的硬度不降反而升高,这就是二次硬化现象,有些钢中残余奥氏体在加热和保温过程中不分解,在随后的回火冷却过程中转变为马氏体或下贝氏体,这种现象称为二次淬火,也是二次硬化的原因之一。

回火后得到的回火托氏体 $T_回$、回火索氏体 $S_回$ 和球状珠光体组织与过冷奥氏体等温冷却获得的托氏体 T、索氏体 S 和珠光体的力学性能不同,是由于回火组织中的渗碳体呈球状。而过冷奥氏体等温冷却获得的珠光体型组织呈片状,在受力时,片状渗碳体会产生应力集中导致微裂纹产生、扩展和断裂。因此,重要的结构零件都需要进行淬火和回火处理。

❸ 回火的种类及应用

(1)回火的种类及应用。淬火钢回火后的组织和性能主要取决于回火温度,根据回火温度不同,回火分为三类。

①低温回火。回火温度为 150~250℃,回火组织为回火马氏体。低温回火的目的是降低淬火应力及脆性,保持钢淬火后具有高硬度(58~64HRC)和高耐磨性。常用于处理各种切削刃具、量具、模具、滚动轴承、渗碳件及表面淬火件等。

对于一些精密量具、轴承、丝杠等零件,为了减少在最后加工中形成的附加应力,增加尺寸稳定性,可增加一次 120~250℃ 保温几十小时的低温回火,这种方法称为人工时效或稳定化处理。

②中温回火。回火温度为 350~500℃(不低于 350℃),回火组织为回火屈氏体,硬度为

35~45HRC。中温回火目的是使钢具有较高的屈服强度和弹性极限,以及一定的韧性。主要处理各种弹簧和热作模具。

③高温回火。回火温度为500~650℃,回火组织为回火索氏体,硬度为25~35HRC,目的是在为了获得具有较高强度的同时,还具有良好的塑性和韧性的综合力学性能。通常把淬火后高温回火的热处理工艺称为调质处理,广泛用于处理各种重要的结构零件。尤其是在交变载荷下工作的连杆、螺栓、齿轮及轴类等,也可作为要求较高的精密零件的预备热处理。高碳高合金钢的高温回火时,会发生二次硬化现象,为消除由于残余奥氏体转变为马氏体所产生的应力,需要多次回火。

(2)回火脆性。淬火钢回火时,其韧性并不总是随回火温度的升高而提高,在某些回火温度范围内回火时,出现冲击韧性显著下降的现象称为回火脆性。

①钢淬火后,在250~350℃回火时产生的回火脆性称为第一类回火脆性,又称低温回火脆性。几乎所有淬火后形成马氏体的钢在此温度范围内回火时,都不同程度地产生这种脆性,目前尚无有效办法消除这类回火脆性,一般只有避开此回火温度范围。

②钢淬火后,在500~650℃范围内回火时,缓慢冷却便出现的脆性称为第二类回火脆性,又称高温回火脆性。这种回火脆性主要发生在含Cr、Ni、Si、Mn等合金元素的结构钢中。

回火脆性的防止办法有如下。

①回火后快冷,如果回火后快速冷却,脆性现象便消失或受抑制。所以产生这类回火脆性,可以将钢在高于脆性温度范围的再次回火后快速冷却来消除。

②加入合金元素W(约1%)、Mo(约0.5%)可抑制这类脆性的产生,该法更适用于大截面的零部件。

③加入能细化奥氏体晶粒的元素,如Nb、V、Ti等,增加晶界面积,降低杂质元素在单位面积上的偏聚量。

(3)回火冷却方式。回火时间一般指从工件入炉后炉温升到回火温度开始计算。回火时间应保证工件热透、组织转变充分及淬火应力得到消除,回火时间一般为1~3h。

经加热保温后的工件,回火时一般在空气中冷却,对于要求较高的工件,可进行油冷或水冷,具有第二类回火脆性的钢件,应采用油冷抑制回火脆性。

(4)淬火和回火的工艺安排。在实际生产中,通常把淬火回火零件分为淬硬件和调质件。对于淬硬件,热处理工艺是淬火后低温回火或中温回火,由于硬度较高(一般大于30HRC),切削困难,通常安排在精加工后处理再磨削达到精度要求。对于调质零件,热处理工艺安排在半精加工后。

(5)回火缺陷与预防。生产中,由于回火温度过低(或回火时间过短)、过高或炉温不均匀造成回火硬度过高、过低或不均匀的缺陷。

这类问题可通过调整回火温度、装炉量来解决;回火后工件产生变形,主要由于回火前工件的内应力不平衡,避免这种变形的情况,需采用多次矫正、多次加热等措施。

小结

本项目主要介绍了以下内容:

(1)钢的热处理基础知识和常规热处理工艺,如钢在冷却时的组织转变和钢在加热时的组织转变。

(2)钢的常规热处理"四把火"(退火、正火、淬火、回火)的基本工艺。

 思考与练习

一、名词解释
过冷奥氏体,残留奥氏体,索氏体,贝氏体,马氏体,退火,正火,淬火,回火,调质,淬透性,淬硬性,临界冷却速度。

二、填空题
1. 钢的奥氏体标准晶粒度分_____,其中_____级称为粗晶粒钢,_____级称为细晶粒钢。
2. 下贝氏体是由_____和碳化物组成的机械混合物,在光学显微镜下呈_____。
3. 过冷奥氏体等温转变图通常呈_____形状,所以又称_____。
4. 常用的淬火方法有_____、_____、_____、_____和_____等。
5. 中温回火主要用于处理_____,回火后得到_____。
6. 为了改善碳素工具钢的可加工性,常用的热处理方法是_____。
7. 20、45、T12钢正常淬火后,硬度由大到小按顺序排列为_____。
8. 随回火温度升高,淬火钢回火后的强度、硬度_____。
9. T12钢的正常淬火温度是_____,淬火后的组织是_____。
10. 珠光体、索氏体和托氏体的力学性能从大到小排列为_____。
11. 调质是_____和_____的复合热处理工艺。

三、判断题
1. 实际加热时的相变临界点总是低于相图上的临界点。 (   )
2. A_1线以下仍未转变的奥氏体称为残留奥氏体。 (   )
3. 珠光体、索氏体、托氏体都是片层状的铁素体和渗碳体的混合物,所以它们的力学性能相同。 (   )
4. 完全退火不适用于低碳钢和高碳钢。 (   )
5. 钢的淬火加热温度都应在单相奥氏体区。 (   )
6. 钢的最高淬火硬度只取决于钢中奥氏体的碳含量。 (   )
7. 钢回火的加热温度在 Ac_1 以下,因此其在回火过程中无组织变化。 (   )

四、选择题
1. 热处理加热的目的是获得(   )。
   A. 铁素体   B. 奥氏体   C. 马氏体   D. 珠光体
2. 45钢的正常淬火组织应为(   ),T12钢的正常淬火组织应为(   )。
   A. 马氏体
   B. 马氏体+铁素体
   C. 马氏体+渗碳体
   D. 马氏体+托氏体
3. 钢在规定条件下淬火后,获得淬硬层深度的能力称为(   )。
   A. 淬硬性   B. 淬透性   C. 耐磨性
4. 淬火后的钢一般需要进行及时(   )。
   A. 正火   B. 退火   C. 回火
5. 球化退火一般适用于(   )。

A. 高碳钢　　　　　　B. 低碳钢　　　　　　C. 中碳钢

6. 回火工艺参数中,(　　)是决定回火后硬度的主要因素。
　A. 回火温度　　　　　　　　　　　B. 回火时间
　C. 回火后的冷却速度　　　　　　　D. 回火零件的尺寸

7. 用(　　)才能消除高碳钢中存在的较严重的网状碳化物。
　A. 球化退火　　　　B. 完全退火　　　　C. 正火

8. 决定钢淬硬性高低的主要因素是钢的(　　)。
　A. 合金元素含量　　B. 碳的质量分数　　C. 淬火冷却速度

9. (　　)具有较高的强度、硬度和较好的塑性、韧性。
　A. 上贝氏体　　　B. 下贝氏体　　　C. 马氏体　　　D. 珠光体

五、简答题

1. 什么是钢的热处理？热处理的目的是什么？它有哪些基本类型？
2. 热处理的实质是什么？什么样的材料能进行热处理？
3. 热处理加热的目的是什么？为什么要控制适当的加热温度和保温时间？
4. 简述过冷奥氏体在 $A_1 \sim M_s$ 不同温度下等温时,转变产物的名称和性能。
5. 马氏体有几种形态？马氏体转变有哪些特点？马氏体的硬度主要取决于什么？
6. 退火和正火有什么区别？在实际生产中如何选择？
7. 说明下列零件的淬火及回火温度,并说明回火后获得的组织和硬度。
(1) 45 钢小轴(要求有较好的综合力学性能);
(2) 65 钢弹簧;
(3) T12 钢锉刀。
8. 为什么钢淬火后一般要进行回火？回火的目的是什么？
9. 钳工用的锉刀,材料为 T12,要求硬度为 62~64HRC,试问应采用什么热处理方法？写出工艺参数和热处理后的组织。
10. 理想的淬火冷却介质应具有什么样的冷却特性？
11. 常用的淬火冷却介质有哪些？它们各有什么特点？
12. 钢的淬透性与淬硬性有何区别？
13. 钢的淬透层深度通常是如何规定的？用什么方法测定结构钢的淬透性？
14. 随着回火温度的升高,淬火钢的力学性能将发生怎样的变化？

项目 6 碳素钢与合金钢

知识目标
1. 了解合金元素在钢中的作用；
2. 掌握低合金钢与合金钢的分类、化学成分特点、性能特点和应用范围。

技能目标
1. 能够根据牌号识别钢的种类并说明其中主要合金元素的作用；
2. 能够根据工件性能要求，合理选择钢材和热处理工艺。

素养目标
1. 培养学生对材料科学和工程领域知识的持续更新，适应社会需求变化；
2. 结合我国钢铁工业发展成就，强化学生的"四个自信"和爱国主义精神。

概 述

以铁为基础的铁碳合金统称为钢铁材料。钢铁材料是现代工业中应用最广泛的金属材料，它是由多种元素组成的复杂合金，但最基本的是铁和碳两种元素，其中碳素钢是最常用的钢铁材料。碳素钢又称为碳钢，约占钢铁总产量的80%。在铁碳合金中，碳质量分数小于2.11%的铁碳合金称为钢，碳质量分数大于2.11%的铁碳合金称为铸造生铁。碳素钢就是碳质量分数小于2.11%的铁碳合金。

任务1 碳及杂质元素对碳素钢性能的影响

碳素钢在冶炼过程中不可避免地要带入少量的其他杂质元素，如锰、硅、硫、磷等元素以及某些气体，如氮、氢、氧等，这些杂质对钢的性能有很大的影响，为此对其在钢中的含量均有严格的控制。

一 碳的影响

碳存在于所有的钢材，是决定钢性能的主要元素。当钢中的碳质量分数低于0.77%时，其碳含量越高,钢的硬度和强度也越高,而塑性和韧性则越低。当钢中的碳质量分数超过1%以后,钢的硬度仍将升高,脆性也增大。

碳含量对钢的加工工艺性也有较大影响。碳含量低的钢,强度低、塑性好,容易锻造和冷加工型(如冷弯、冷冲压、冷挤、冷铆等);其焊接性能良好,采用一般的焊接方法就能获得良好的焊接质量。反之,碳含量高的钢,塑性变形抗力增大,塑性变形能力差而不易冷压力加工成型;随着碳含量增大,钢的可焊接性能也逐渐变差。

二 杂质元素对碳素钢性能的影响

1 锰

锰在钢中作为杂质存在时,其质量分数一般在0.8%以下,它主要来源于炼钢的原料生铁及脱氧剂锰铁合金。锰有很好的脱氧能力,能将钢中的FeO还原成铁,改善钢的质量;锰还能与硫优先形成MnS,从而减轻硫的有害作用,降低钢的脆性,改善钢的热加工性能;在室温下,锰能溶于铁素体中,起固溶强化作用。锰是一种有益杂质。

2 硅

硅在钢中作为杂质存在时,其质量分数一般在0.4%以下,它主要来源于生铁及脱氧剂硅铁合金。硅有较强的脱氧能力,能消除氧化铁对钢的不良影响;在室温下,硅能溶入铁素体中,起固溶强化作用。硅也是一种有益杂质。

3 硫

硫是由生铁及燃料带入到钢中的杂质。固态下硫在铁中的溶解度极小,一般是以FeS形式存在于钢中。由于FeS塑性很差,故硫的质量分数较多,钢脆性较大;FeS与Fe能形成低熔点(985℃)的共晶体,分布于奥氏体晶界上,当钢加热到约1200℃进行热加工时,晶界上的共晶体熔化,使钢材在热加工过程中沿晶界开裂,这种现象称为热脆。为了消除硫的有害作用,必须增加钢中锰的质量分数。化合物MnS的熔点高(1620℃),并呈颗粒状分布,高温下具有一定的塑性,可避免热脆现象的产生。

硫化物是非金属夹杂物,它的存在会降低钢的力学性能,并在轧制过程中形成热加工纤维组织。

通常情况下,硫是有害杂质,必须严格控制在钢中的质量分数。但锰、硫的质量分数较高的钢,能形成较多的MnS颗粒,在切削过程中起断屑作用,可改善钢的切削加工性能。

4 磷

磷主要来源于生铁。一般情况下,钢中的磷能全部溶入铁素体中,有强烈的固溶强化现象,使钢的强度、硬度有所升高,但塑性、韧性显著降低,这种脆化现象在低温时更为严重,故称为冷脆。

磷能提高韧脆转变温度,这对于在高寒地带或其他低温条件下工作的结构件有严重的危害性。另外,磷的存在容易引起偏析现象,使钢在热轧后出现带状组织。

因此,磷也是一种有害杂质,在钢中的质量分数也要严格限制。但磷的质量分数较高时,会使钢的脆性增大,在炮弹用钢及改善切削加工性能方面是有利的。

5 非金属夹杂物

在炼钢过程中,少量炉渣、耐火材料、冶炼过程中的一些反应物都可能进入钢中,形成非金属夹杂物。它们的存在会降低钢的性能,特别是降低钢的塑性、韧性和疲劳极限,严重时还会使钢在热加工与热处理过程中产生裂纹,或在使用时发生突然断裂。非金属夹杂物也会促使钢在热加工过程中形成流线和带状组织,造成钢材性能具有方向性。

6 氮的影响

一般认为,钢中的氮是有害元素,其有害作用主要是通过淬火时效和应变时效造成的,会使钢的强度、硬度提高,塑性、韧性明显下降。通常向钢中加入铝、钛等形成氮化物,以减弱或消除时效脆化现象。

7 氢的影响

氢对钢的危害较大。氢常以原子或分子状态聚集,使钢的塑性韧性急剧下降引起氢脆,并导致钢材内部出现细微裂纹缺陷,俗称"白点"。

8 氧的影响

氧在钢中的溶解度非常小,以氧化物夹杂的形式存在于钢中,破坏钢基体的连续性,降低钢材的力学性能,尤其是塑性韧性和疲劳强度。

任务2 合金元素在钢中的作用

钢在冶炼时,为满足某种要求而加入的一些元素称为合金元素。能够影响钢的质量而又无法完全去除的元素称为杂质元素。合金元素的存在对钢的相变、组织及性能有很大影响,通过合金化,可以提高或改善钢的性能。为了改善或提高钢的性能,在碳钢的基础上,有意添加某些合金元素所冶炼而成的钢称为低合金钢和合金钢。

一、合金元素在钢中的存在形式

1 形成合金铁素体

大多数合金元素都可或多或少地溶入铁素体中,形成合金铁素体。溶入铁素体中的合金元素,由于它们的晶格类型及原子直径与铁不同,因此必然引起铁素体的晶格畸变,产生固溶强化现象,使铁素体的强度、硬度提高,如图6-1所示。当合金元素的质量分数超过一定数值后,铁素体的塑性、韧性将显著下降,如图6-2所示。

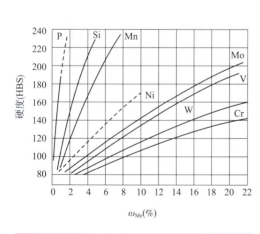

图6-1 合金元素对铁素体硬度的影响

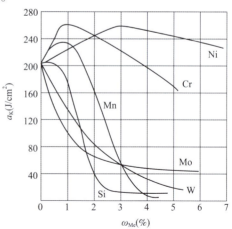

图6-2 合金元素对铁素体韧性的影响

可见，与铁素体有相同晶格类型的合金元素，如铬、钼、钨、钒等强化铁素体的作用较弱。而晶格类型与铁素体不同的合金元素，如硅、锰、镍等强化铁素体的作用较强。另外，有些合金元素如硅、锰、铬、镍等，当它们在钢中的质量分数适当时，不仅能强化铁素体，还能提高或改善铁素体的韧性。

② 形成合金碳化物

合金元素可分为碳化物形成元素和非碳化物形成元素两类。碳化物形成元素，按它们与碳原子结合的能力又分为弱碳化物形成元素（如锰等）、中强碳化物形成元素（如铬、钼、钨等）、强碳化物形成元素（如钒、铌、钛、锆等）。

钢中合金碳化物的类型主要有合金渗碳体和特殊碳化物两种。合金渗碳体是合金元素溶入渗碳体中所形成的碳化物，它仍具有渗碳体的复杂晶格。一般来说，弱碳化物形成元素倾向于形成合金渗碳体。而中强碳化物形成元素在钢中的质量分数不高（0.5%～3%）时，也倾向于形成合金渗碳体。合金渗碳体的稳定性及硬度比渗碳体高，是一般低合金钢中碳化物的主要存在形式。

特殊碳化物是一种与渗碳体晶格类型完全不同的合金碳化物，通常是由中强或强碳化物形成元素所构成的碳化物。强碳化物形成元素，即使在钢中质量分数很少，但只要有足够的碳，就倾向于形成特殊碳化物，如WC、VC、TiC、Mo_2C等；中强碳化物形成元素，只有在钢中的质量分数较多（>5%）时，才倾向于形成特殊碳化物，如$Cr_{23}C_6$、Cr_7C_3、Fe_4W_2C等。特殊碳化物（特别是晶体结构简单的特殊碳化物），具有比合金渗碳体更高的熔点、硬度和耐磨性，并且更稳定，不易分解。

合金碳化物的种类、性能、数量及在钢中的分布将直接影响钢的性能和热处理时的相变。

应当指出，合金元素在钢中的存在形式，与合金元素的种类、质量分数、碳的质量分数、热处理条件等因素有关；所有的合金元素都能在热处理加热时溶入奥氏体中，形成合金奥氏体，并在淬火后形成合金马氏体。

二 合金元素对铁碳相图的影响

合金元素铬、钨、钼、钒、钛、铝、硅等，将使奥氏体相区缩小，A_3和A_1温度升高，S和E点向左上方移动，如图6-3所示。随着这类合金元素在钢中的质量分数增加，奥氏体相区逐渐缩小并消失，此时，钢在室温下的平衡组织就是单相的铁素体，这种钢称为铁素体钢。

合金元素镍、锰、氮、钴等，将使奥氏体相区扩大，A_3和A_1温度下降，S和E点向左下方移动，如图6-4所示。随着这类合金元素在钢中的质量分数增加，奥氏体相区逐渐扩大并一直延展到室温以下，此时，钢在室温下的平衡组织就是稳定的单相奥氏体，这种钢称为奥氏体钢。

三 合金元素对钢的热处理的影响

① 合金元素对钢加热转变的影响

合金钢的奥氏体化过程与碳钢的基本相同，但大多数合金元素（除镍、钴外）均减缓奥氏体化过程，并且合金元素（除锰外）都能阻止奥氏体晶粒的长大。故合金钢，特别是含有强碳化物形成元素的合金钢，在热处理时为了得到比较均匀且含有足够数量合金元素的奥氏体，充分发挥合金元素的有益作用，就需要更高的加热温度与较长的保温时间，而不易过热。这有利于提高钢的淬透性;有利于在淬火后获得细小马氏体、提高钢的力学性能;有利于减小淬火时的变形与开裂倾向。

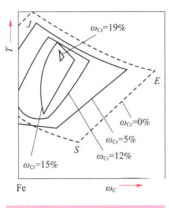

图6-3 铬对铁碳相图中奥氏体相区的影响(缩小)

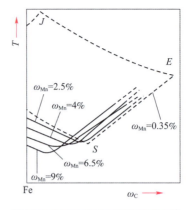

图6-4 锰对铁碳相图中奥氏体相区的影响(扩大)

② 合金元素对钢冷却转变的影响

合金元素(除钴外)在溶入奥氏体中后,能降低原子的扩散速度,使奥氏体的稳定性增加,从而使C曲线的位置向右移动,特别是碳化物形成元素不仅使C曲线的位置右移,还改变了C曲线的形状,如图6-5所示。由于合金元素使C曲线位置右移,故降低了钢的临界冷却速度,提高了钢的淬透性。多种合金元素同时加入对提高淬透性的作用更为明显。合金钢的淬透性好,这在实际生产中具有很大意义。

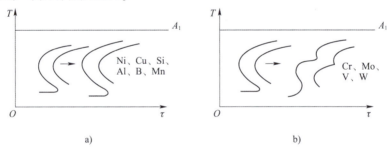

图6-5 合金元素对C曲线的影响

由于合金元素(除钴、铝外)在溶入奥氏体中后,会使 M_s、M_f 点降低,增加淬火后钢中残留奥氏体的量,所以合金钢在淬火后,组织中残留奥氏体的量比碳钢的多,这对钢的硬度、淬火变形及尺寸稳定性都有较大的影响。

③ 合金元素对淬火钢回火转变的影响

合金钢在淬火后,由于马氏体中含有合金元素,使原子的扩散速度减慢,因而在回火过程中,马氏体不易分解,碳化物不易析出,析出后的碳化物聚集长大困难,所以合金钢在相同温度回火后强度、硬度下降的比碳钢少。这种淬火钢在回火时抵抗软化的能力,称为耐回火性(或回火稳定性)。合金钢的耐回火性高,在实际生产中是有利的。

有些合金元素如钨、钼、钒、钛等,使淬火钢在回火时出现硬度回升的现象,称为二次硬化。这主要是由于含有强碳化物形成元素的钢淬火后,在回火时会从马氏体中析出高硬度的特殊碳化物造成的。二次硬化现象对需要高热硬性的工具钢具有重要意义。

综上所述，由于合金元素能强化铁素体，能形成高硬度、高耐磨性的合金碳化物，能细化晶粒，能提高钢的淬透性和耐回火性，所以合金钢的力学性能比碳钢好。但是，合金元素的有益作用只有通过适当的热处理才能发挥出来。

任务3　钢的分类与编号

一、钢的分类

1. 按用途分类

（1）结构钢。结构钢包括建筑及工程用结构钢和机械制造用结构钢两类。建筑及工程用结构钢是指用于建筑、桥梁、船舶、锅炉或其他工程上制造金属结构的钢，如碳素结构钢、低合金高强度结构钢等；机械制造用结构钢是指用于制造机械设备中结构零件的钢，包括渗碳钢、调质钢、弹簧钢、滚动轴承钢等。

（2）工具钢。工具钢是指用于制造各种工具的钢，按工具用途不同，可分为刃具钢、模具钢和量具钢。

（3）特殊性能钢。特殊性能钢是指用特殊方法生产、具有特殊物理、化学性能或力学性能的钢，如不锈钢、耐热钢、耐磨钢、磁钢、超高强度钢等。

2. 按化学成分分类

（1）碳素钢。碳素钢是指碳的质量分数小于2.11%，并含有少量锰、硅、硫、磷等杂质元素的铁碳合金。按碳的质量分数可分为低碳钢（$\omega_C < 0.25\%$）、中碳钢（$\omega_C = 0.25\% \sim 0.6\%$）、高碳钢（$\omega_C > 0.6\%$）。

（2）合金钢。合金钢是指在碳钢的基础上，为了改善钢的性能，在冶炼时有目的地加入一些元素（称为合金元素）而获得的多元合金。按合金元素总的质量分数可分为低合金钢（$\omega_{Me} < 5\%$）、中合金钢（$\omega_{Me} = 5\% \sim 10\%$）、高合金钢（$\omega_{Me} > 10\%$）。另外，根据钢中主要合金元素种类不同，还可将合金钢分为锰钢、铬钢、铬镍钢、铬锰钛钢等。

3. 按质量分类

根据钢中有害杂质硫、磷的质量分数多少可分为普通质量钢（$\omega_S = 0.035\% \sim 0.050\%$、$\omega_P = 0.035\% \sim 0.045\%$）、优质钢（$\omega_S \leq 0.035\%$、$\omega_P \leq 0.035\%$）、高级优质钢（$\omega_S = 0.020\% \sim 0.030\%$、$\omega_P = 0.025\% \sim 0.030\%$）、特级优质钢（$\omega_S \leq 0.015\%$、$\omega_P \leq 0.025\%$）。

4. 按冶炼时脱氧程度和浇注制度分类

（1）沸腾钢。沸腾钢是指脱氧不完全的钢，浇注时在钢锭模里产生沸腾现象，因而得名。其特点是材料利用率高，成本低，组织不致密，力学性能较低。

（2）镇静钢。镇静钢是指脱氧完全的钢，浇注时钢液镇静，没有沸腾现象，故称为镇静钢。其特点是组织致密，力学性能较高，质量均匀，但成本较高，材料利用率较低。

（3）半镇静钢。半镇静钢是脱氧程度介于沸腾钢和镇静钢之间的钢，浇注时沸腾现象较沸腾钢弱。其质量、成本、材料利用率均介于沸腾钢与镇静钢之间，生产过程较难控制，故使用量不大。

（4）特殊镇静钢。特殊镇静钢是指采用特殊脱氧工艺冶炼的脱氧完全的钢，其脱氧程度、质量及性能比镇静钢高。

二 钢的编号

1 碳素结构钢

碳素结构钢的牌号由"屈"字汉语拼音的首字母 Q、最小屈服强度、质量等级符号(A、B、C、D)和脱氧方法符号(F、b、Z、TZ)四个部分按顺序组成。例如,Q235AF 表示最小屈服强度为 235MPa、A 级质量的沸腾钢。F、b、Z、TZ 依次表示沸腾钢、半镇静钢、镇静钢、特殊镇静钢,一般 Z 和 TZ 在牌号表示中可省略。

2 优质碳素结构钢

优质碳素结构钢的牌号用两位数字表示,两位数字表示钢中平均碳的质量分数的万分之几。例如,45 表示平均碳的质量分数为 0.45% 的优质碳素结构钢。优质碳素结构钢按锰的质量分数不同,分为普通锰(ω_{Mn} = 0.25% ~ 0.80%)和较高锰(ω_{Mn} = 0.70% ~ 1.20%)两组,较高锰的优质碳素结构钢在两位数字后面再加符号 Mn,如 65Mn。如果是沸腾钢,则在两位数字后面加符号 F,如 08F。专用优质碳素结构钢在牌号尾部加用途符号,如锅炉用钢表示为 20g。

3 碳素工具钢

碳素工具钢的牌号由"碳"字汉语拼音的首字母 T 与数字组成,数字表示钢中平均碳的质量分数的千分之几。例如,T8 表示平均碳的质量分数为 0.8% 的优质碳素工具钢。如果是高级优质钢则在数字后面加符号 A,如 T8A。较高锰(ω_{Mn} = 0.40% ~ 0.60%)的碳素工具钢则在数字后面加符号 Mn,如 T8Mn、T8MnA。

4 铸造碳钢

铸造碳钢的牌号由"铸""钢"两字汉语拼音的首字母 ZG 与两组数字组成,第一组数字表示最小屈服强度的数值(单位为 MPa),第二组数字表示抗拉强度(单位为 MPa)。例如,ZG200-400 表示最低屈服点为 200MPa,最低抗拉强度为 400MPa 的铸造碳钢。

5 低合金高强度结构钢

低合金高强度结构钢的牌号由"屈"字汉语拼音的首字母 Q、最小屈服强度数值、质量等级符号(A、B、C、D、E)和脱氧方法符号(F、b、Z、TZ)四个部分按顺序组成。例如,Q390A 表示屈服点为 390MPa、A 级质量的低合金高强度结构钢。一般 Z 和 TZ 在牌号表示中可省略。

6 合金结构钢与合金弹簧钢

合金结构钢与合金弹簧钢的牌号由两位数字、元素符号与数字组成,前面两位数字表示钢中平均碳的质量分数的万分之几,元素符号表示钢中所含合金元素,元素符号后面的数字则表示该元素平均质量分数的百分之几。合金元素的平均质量分数 <1.5% 时,一般只标明元素符号而不标含量;当平均质量分数≥1.5%、≥2.5%、≥3.5% 等时,则在合金元素符号后面分别用数字 2、3、4 等表示其平均质量分数。例如,40Cr 表示平均碳的质量分数为 0.4%,平均铬的质量分数小于 1.5% 的合金结构钢。如果是高级优质钢则在牌号的后面加符号 A,如 38CrMoAlA。

7 滚动轴承钢

滚动轴承钢的牌号由"滚"字汉语拼音的字首 G、元素符号 Cr 和数字组成,数字表示钢中平均铬的质量分数的千分之几。例如,GCr15 表示平均铬的质量分数为 1.5% 的滚动轴承钢。在滚动轴承钢的牌号中不表示碳的质量分数。若含有其他合金元素时,这些合金元素的表示方法与合金结构钢的相同,如 GCr15SiMn。由于滚动轴承钢都是高级优质钢,所以在牌号后面就不必再标符号 A。

8 合金工具钢

合金工具钢的牌号也是由数字、元素符号与数字组成的,前面的数字表示平均碳的质量分数的千分之几,但当碳的质量分数≥1%时,则不予标出。合金元素及其质量分数的表示方法与合金结构钢的相同。例如,9SiCr 表示平均碳的质量分数为 0.9%,平均硅、铬的质量分数均小于 1.5% 的合金工具钢。对于高速工具钢,无论其碳的质量分数多少,在牌号中均不予表示,如 W18Cr4V。合金工具钢与高速工具钢都是高级优质钢,在牌号后面也不必再标符号 A。

9 不锈钢与耐热钢

不锈钢与耐热钢的牌号表示方法与合金工具钢的基本相同,只是当碳的质量分数≤0.08%及 0.03%时,在牌号前分别冠以"0"及"00",如 0Cr21Ni5Ti、00Cr30Mo2 等。

任务 4 结 构 钢

工业上,凡用于制造各种工程结构及各种机械零件的钢都称为结构钢。工程结构用结构钢主要用于各种工程结构和建筑结构,它们大多是碳素结构钢和低合金高强度结构钢,冶炼工艺简单,价格较便宜,使用时一般不进行热处理;机械零件用结构钢大多是优质结构钢和高级优质结构钢,包括优质碳素结构钢、合金结构钢、合金弹簧钢及滚动轴承钢等,使用时一般都要进行热处理。

一 工程结构用结构钢

1 碳素结构钢

碳素结构钢中的杂质和非金属夹杂物较多,但由于冶炼容易,工艺性能好,价格便宜,能满足一般工程结构和普通零件的性能要求,因而应用普遍。碳素结构钢通常轧制成钢板或各种型材供应使用,有时根据需要可在使用前对其进行热加工或热处理。这类钢的牌号、力学性能及用途举例见表 6-1。

碳素结构钢的牌号、力学性能及用途举例 表 6-1

牌号	质量等级	脱氧方法	R_{eL}(MPa)	R_m(MPa)	A(%)	特点及用途举例
Q195	—	F、b、Z	195	315~430	33	具有一定的强度、硬度和良好的塑性,用于制造受力不大的零件,如螺钉、螺母、垫圈等,也可用于冲压件、焊接件及建筑结构件
Q215	A、B	F、b、Z	215	335~450	31	
Q235	A、B	F、b、Z	235	375~500	26	
	C、D	Z、TZ				
Q255	A、B	Z	255	410~550	24	具有较高的强度,用于制造承受中等载荷作用的零件,如农机具零件、销钉、小型轴类零件等
Q275	—		275	490~630	20	

碳素结构钢一般以热轧空冷状态供应,其中 Q195 和 Q275 钢在出厂时同时保证力学性能和化学成分,且不分质量等级。Q215、Q235 和 Q255 钢,当质量等级为 A、B 时,只保证力学性能,化学成分可根据用户的要求予以调整;Q235 钢的质量等级为 C、D 时,则同时保证力学性能和化学成分。A 级质量的 Q215、Q235 和 Q255 钢,一般用于制造不需要热加工或热处理的

工程结构件及普通零件;B级质量的用于制造较重要的机器零件及船用钢板。

❷ 低合金高强度结构钢

低合金高强度结构钢是在碳素结构钢的基础上加入少量合金元素形成的,产品既保证力学性能,又保证化学成分,以适应工程上承载能力强、自重轻的要求。

低合金高强度结构钢中碳的质量分数一般为0.16%~0.2%。所含合金元素主要有锰、硅、钒、钛、铌、磷、铜等,其作用是强化铁素体、细化晶粒。因此,同碳素结构钢相比,低合金高强度结构钢具有较高的强度,良好的塑性、韧性和焊接性能,有一定的耐腐蚀性。

低合金高强度结构钢大多是在热轧退火或正火状态下使用,其中Q345钢使用最广泛。我国的南京长江大桥、内燃机车、万吨巨轮、压力容器及汽车大梁等工程结构中都大量使用了Q345钢。常用低合金高强度结构钢的牌号、力学性能及用途举例见表6-2。

低合金高强度结构钢的牌号、力学性能及用途举例 表6-2

牌号	R_{eL}(MPa)	R_m(MPa)	A(%)	特点及用途举例
Q295	295	390~570	23	具有良好的塑性、韧性和加工成型性能,用于制造低压锅炉、容器、油罐、桥梁、车辆及金属结构等
Q345	345	470~630	21	具有良好的综合力学性能和焊接性能,用于制造船舶、桥梁、车辆、大型容器、大型钢结构等
Q390	390	490~650	19	具有良好的综合力学性能和焊接性能,冲击韧度较高,用于制造建筑结构、船舶、化工容器、电站设备等
Q420	420	520~680	18	具有良好的综合力学性能和焊接性能,加工成型性能和低温韧性好,用于制造桥梁、高压容器、电站设备、大型船舶及其他大型焊接结构件等
Q460	460	550~720	17	

❸ 低合金耐候钢

耐候钢是指耐大气腐蚀的钢,它是在低碳钢的基础上加入少量铜、磷、铬、镍、钼、钛、钒等合金元素形成的。目前,我国使用的耐候钢又分为焊接结构用耐候钢和高耐候性结构钢两类。焊接结构用耐候钢具有良好的焊接性能,适于桥梁、建筑及其他要求耐候性的工程结构;高耐候性结构钢的耐候性好,适于车辆、建筑、塔架和其他要求高耐候性的工程结构。

❹ 低合金专业用钢

为了适应某些专业的特殊需要,在低合金高强度结构钢的基础上,通过调整化学成分和工艺方法,形成了一些低合金专业用钢,如汽车用低合金钢、低合金钢筋钢、铁道用低合金钢、矿用低合金钢等。低合金专业用钢的牌号与合金结构钢牌号的表示方法相同,但增加了表示用途的符号,见表6-3。

常用结构钢中表示用途的符号 表6-3

名称	汉字	符号	位置	名称	汉字	符号	位置
易切削结构钢	易	Y	牌号头	压力容器用钢	容	R	牌号尾
耐候钢	耐候	NH	牌号尾	焊接用钢	焊	H	牌号头
钢轨钢	轨	U	牌号头	桥梁用钢	桥	q	牌号尾
铆螺钢	铆螺	ML	牌号头	锅炉用钢	锅	g	牌号尾
汽车大梁用钢	梁	L	牌号尾	矿用钢	矿	K	牌号尾

二 机械零件用结构钢

1 优质碳素结构钢

优质碳素结构钢在出厂时,既保证力学性能,又保证化学成分,杂质与非金属夹杂物的数量少,一般都在热处理后使用。

08、10钢碳的质量分数低,塑性好,焊接性能好,主要是制作薄板、冷冲压件和焊接件。15、20、25钢属于渗碳钢,强度较低,但塑性、韧性较高,冷冲压性能和焊接性能良好,可以制造螺钉、垫圈、活塞销、冷冲压件和焊接件。这类钢经渗碳、淬火和低温回火后,可用于制造表面要求高硬度、高耐磨性并承受冲击载荷作用的零件,如齿轮、小轴等。30~55钢属于调质钢,经淬火和高温回火后,具有较高的综合力学性能。主要用于制造要求高强度、高塑性、高韧性的重要零件,如齿轮、轴类零件等。其中,45钢在机械制造中应用最广泛。60~85钢属于弹簧钢,经淬火和中温回火后,具有较高的弹性极限、疲劳极限和韧性。主要用于制造尺寸较小的弹簧、弹性零件或耐磨零件。较高含锰量的优质碳素结构钢,其性能和用途与对应的普通锰优质碳素结构钢相同,但淬透性较高。

2 合金结构钢

合金结构钢是在优质碳素结构钢的基础上加入合金元素形成的,主要用于制造重要的机械零件。按其用途和热处理特点可分为合金渗碳钢、合金调质钢和合金弹簧钢等。

(1)合金渗碳钢。合金渗碳钢主要用于制造性能要求较高或截面尺寸较大,且在循环载荷、冲击载荷及摩擦条件下工作的零件,如汽车中的变速齿轮、内燃机中的凸轮等。

合金渗碳钢中碳的质量分数一般为0.10%~0.25%,以保证心部有足够的韧性。加入铬、锰、镍、硼等合金元素以提高钢的淬透性,并在保持良好韧性的条件下提高其强度;加入钼、钨、钒、钛等合金元素以细化晶粒、提高渗碳层的耐磨性。

对于低、中淬透性渗碳钢,一般以正火作为预备热处理,来改善其切削加工性能;而高淬透性渗碳钢,一般在锻造后空冷,再经650℃的高温回火,以形成回火索氏体来改善切削加工性能。渗碳钢的最终热处理通常是渗碳、淬火和低温(180~200℃)回火,表面硬度可达58~64HRC。常用渗碳钢的牌号、热处理、力学性能及用途举例见表6-4。

常用渗碳钢的牌号、热处理、力学性能及用途举例　　表6-4

类别	牌号	热处理(℃)				力学性能					用途举例
		渗碳	第一次淬火	第二次淬火	回火	R_{eL} (MPa)	R_m (MPa)	A (%)	Z (%)	KU (J)	
低淬透性	15	930	890空	785水	200	225	375	27	55	—	活塞销等
	20Mn2		850水油	—		590	785	10	40	47	代替20Cr
	20Cr		880	800水油		540	835	10	40	47	小齿轮、小轴、凸轮、活塞销等
	20MnV		880水油	—		590	785	10	40	55	锅炉、高压容器等,可代替20Cr

续上表

类别	牌号	热处理(℃)			力学性能					用途举例
		渗碳	第一次淬火	第二次淬火	回火	R_{eL}(MPa)	R_m(MPa)	A(%)	Z(%)	KU(J)	
中淬透性	20CrMn	930	850 油	—	200	735	930	10	45	47	齿轮、轴、摩擦轮、蜗杆等
	20CrMnTi		880 油	870 油		835	1080	10	45	55	汽车、拖拉机变速器齿轮等
	20MnVB		860 油	—		885	1080	10	45	55	
高淬透性	20Cr2Ni4		880 油	780 油		1080	1180	10	45	63	大型齿轮和轴等
	18Cr2Ni4WA		950 空	850 空		835	1180	10	45	78	

（2）合金调质钢。合金调质钢主要用于制造受力复杂的重要零件，如机床的主轴、柴油机的连杆等。这些零件均在多种载荷作用下工作，既要求有很高的强度，又要求有很好的塑性和韧性，即具有良好的综合力学性能。

合金调质钢中碳的质量分数一般为 0.25%～0.50%，碳的质量分数过低，强度与硬度不足；碳的质量分数过高，则韧性不足。加入锰、硅、铬、镍、硼等合金元素以提高钢的淬透性，并强化铁素体、改善韧性；加入钼、钨、钒、钛等合金元素以细化晶粒、提高耐回火性并进一步改善钢的性能。

碳素调质钢的综合力学性能比合金调质钢低，只适于制造截面尺寸不大、强度要求不高的零件。调质钢通常也按淬透性大小分为三类。常用调质钢的牌号、热处理、力学性能及用途举例见表6-5。

常用调质钢的牌号、热处理、力学性能及用途举例　　　表6-5

类别	牌号	热处理(℃)		力学性能					用途举例
		淬火	回火	R_{eL}(MPa)	R_m(MPa)	A(%)	Z(%)	KU(J)	
低淬透性	40	840 水	510 空	270	540	17	36	24	齿轮、心轴、杆轴等
	45	840 水	510 空	290	580	15	35	20	轧辊、齿轮、轴、曲轴、螺栓、螺母等
	40Cr	850 油	520 水油	785	980	9	45	47	轴、齿轮、连杆、螺栓等
	40MnB	850 油	500 水油	785	980	10	45	47	代替40Cr制造转向节、半轴、花键轴等
	40MnVB	850 油	520 水油	785	980	10	45	47	
中淬透性	42CrMo	850 油	560 水油	930	1080	12	45	63	连杆、大齿轮、摇臂等
	30CrMnSi	880 油	520 水油	885	1080	10	45	39	砂轮轴、联轴器、离合器等
	38CrMoAlA	940 油	640 水油	835	980	14	50	71	镗床镗杆、蜗杆、高压阀门、主轴等
高淬透性	40CrNiMoA	850 油	600 水油	835	980	12	55	78	锻床偏心轴、压力机曲轴、耐磨齿轮等
	40CrMnMo	850 油	600 水油	785	980	10	45	63	高强度耐磨齿轮、主轴等

对于碳及合金元素质量分数较低的调质钢,一般以正火或退火作为预备热处理,来改善组织和切削加工性能;而合金元素质量分数较高的调质钢,则采用空冷淬火和高温回火作为预备热处理,来改善切削加工性能。调质钢的最终热处理一般是调质处理,有特殊要求时,还可再进行表面淬火或渗氮处理。

(3)合金弹簧钢。弹簧在工作时依靠其产生大量的弹性变形,在各种机械中起缓和冲击、吸收振动和贮存能量的作用。因此,制造弹簧的材料应具有高的弹性极限和疲劳极限、高的屈强比及一定的塑性与韧性。

碳素弹簧钢中碳的质量分数一般为0.6%~0.9%,而合金弹簧钢中碳的质量分数一般为0.45%~0.7%,以保证得到高的弹性极限和疲劳极限。加入锰、硅、铬等合金元素以提高钢的淬透性、屈强比、耐回火性及强化铁素体;加入钼、钨、钒等合金元素以细化晶粒,防止过热并进一步改善钢的性能。

根据弹簧尺寸的不同,成型和热处理方法也不同。对于弹簧丝直径或弹簧钢板厚度大于10~15mm的螺旋弹簧或板弹簧,一般在热态下成型,成型后利用余热进行淬火,然后进行中温(350~520℃)回火,得到回火托氏体,硬度一般为42~48HRC。热处理后的弹簧往往还要进行喷丸处理,使其表面强化,并产生残余压应力,以提高其疲劳极限。对于弹簧丝直径小于8~10mm的弹簧,常用冷拉弹簧钢丝冷绕而成,一般属于小型螺旋弹簧。由于弹簧钢丝在生产过程中经过铅浴淬火处理及冷拉加工,已经具备了很好的性能,所以冷绕成型后,不再进行淬火处理,只需进行200~300℃的去应力退火,以消除残余应力并使弹簧定形。常用弹簧钢的牌号、热处理、力学性能及用途举例见表6-6。

常用弹簧钢的牌号、热处理、力学性能及用途举例　　　表6-6

牌号	热处理(℃)		力学性能					用途举例
	淬火	回火	R_{eL}(MPa)	R_m(MPa)	A(%)	Z(%)	KU(J)	
65	840 油	500	785	980	9	35	—	截面小于15mm的小弹簧等
65Mn	830 油	540	785	980	8	30	—	截面小于20mm的弹簧、阀簧等
60Si2Mn	870 油	480	1175	1275	5	25	20	截面为25~30mm的弹簧,如机车板弹簧、测力弹簧等
60Si2CrVA	850 油	410	1665	1865	6	20	24	截面小于50mm的弹簧,如重型板簧等
50CrVA	850 油	500	1130	1275	10	40	24	截面为30~50mm的弹簧及耐热弹簧等

3 滚动轴承钢

滚动轴承钢主要用于制造各种滚动轴承的内外套圈及滚动体,也可用于制造各种工具和耐磨零件。因此,滚动轴承钢应具有高的抗压强度、疲劳极限、硬度、耐磨性及一定的韧性。

应用最广的滚动轴承钢是高碳铬钢。在制造大型滚动轴承时,为了进一步提高淬透性,还可加入硅、锰等合金元素。

滚动轴承钢对硫、磷等杂质元素的质量分数限制极高,一般规定硫的质量分数应为

0.020%以下;磷的质量分数为0.027%以下。

我国目前应用最多的是 GCr15 和 GCr15SiMn。前者用于制造中小型滚动轴承;后者用于制造较大型滚动轴承。对于承受很大冲击或特大型滚动轴承,常用合金渗碳钢制造;而要求耐腐蚀的滚动轴承,常用不锈钢制造。

滚动轴承钢的预备热处理为球化退火;最终热处理为淬火和低温回火,硬度可达 61 ~ 65HRC。对于精密轴承,为保证尺寸稳定性,可在淬火后进行冷处理(-80 ~ -60℃),以减少残留奥氏体量,然后再进行低温回火和磨削加工,最后进行时效处理(120 ~ 130℃保温 10 ~ 20h),以消除磨削应力,进一步稳定尺寸。常用滚动轴承钢的牌号、热处理、力学性能及用途举例见表 6-7。

常用滚动轴承钢的牌号、热处理及用途举例 表 6-7

牌号	热处理(℃)		回火后硬度 HRC	用途举例
	淬火	回火		
GCr6	800 ~ 820 水油	150 ~ 170	62 ~ 64	直径小于 10mm 的滚珠、滚柱及滚针
GCr9	810 ~ 830 水油	150 ~ 170	62 ~ 66	直径小于 20mm 的滚珠、滚柱及滚针
GCr9SiMn	810 ~ 830 水油	150 ~ 160	62 ~ 64	直径为 25 ~ 50mm 的滚珠、小于 22mm 的滚柱,壁厚小于 12mm、外径小于 250mm 的套圈
GCr15	820 ~ 840 油	150 ~ 160	62 ~ 66	
GCr15SiMn	820 ~ 840 油	150 ~ 200	61 ~ 65	直径大于 50mm 的滚珠或大于 22mm 的滚柱,壁厚大于 12mm、外径大于 250mm 的套圈
GSiMnMoV(RE)	780 ~ 820 油	160 ~ 180	62 ~ 64	代替 GCr15SiMn 制造汽车、拖拉机、轧钢机上的大型轴承

三 其他结构钢

1 易切削结构钢

易切削结构钢是在优质碳素结构钢的基础上加入一种或几种能改善切削加工性能的合金元素而形成的。这类钢具有良好的切削加工性能,适合在自动机床上进行高速切削来制造机械零件。

易切削结构钢主要用于制造受力较小,不太重要且生产批量较大的标准件,如螺钉、螺母、垫圈、缝纫机零件等。易切削结构钢一般不进行预备热处理,以免降低其切削加工性能,但可以进行最终热处理。

2 铸造碳钢

在生产中有许多形状复杂的大型零件,如水压机的横梁、轧钢机的机架、大型齿轮、锻锤砧座等,用锻压加工方法成型很困难,用铸铁制造又无法满足力学性能要求,此时可采用铸造碳钢以铸造成型的方法来获得,称为铸钢件。

3 超高强度钢

超高强度钢是指抗拉强度在 1500MPa 以上的合金结构钢,它是在合金调质钢的基础上,加入多种合金元素进行复合强化形成的,主要用于航空和航天工业。

任务5 工 具 钢

制造各种刃具、模具、量具的钢称为工具钢,相应地称为刃具钢、模具钢、量具钢。

工具钢与结构钢的主要区别在于,工具钢(除热作模具钢外)大多属于过共析钢;所含合金元素除提高淬透性外,主要是为了提高钢的硬度和耐磨性,故常采用碳化物形成元素;工具钢的最终热处理一般多采用淬火和低温回火,以保证高硬度与高耐磨性。另外,由于工具钢中碳的质量分数较高,性能较脆,为了改善其塑性和减少淬火变形、开裂倾向,工具钢的质量要求比结构钢更严。

一 刃具钢

刃具在工作时,要受到复杂切削力的作用,刃部与切屑之间产生强烈摩擦,使刃部温度升高并磨损,切削量越大,刃部的温度越高,严重时会使刃部硬度降低,导致丧失切削功能。同时,刃具在工作时还要受到冲击与振动。因此,要求刃具钢应具有高的硬度、耐磨性、热硬性及足够的强度与韧性,其中热硬性是指钢在高温下保持高硬度的能力。

制造刃具的刃具钢有碳素工具钢、低合金刃具钢和高速工具钢三类。

1 碳素工具钢

碳素工具钢是碳的质量分数为 0.65%~1.35% 的优质或高级优质高碳钢。碳的质量分数高,可以保证碳素工具钢在淬火后有足够高的硬度。但会使钢的脆性增大,淬透性下降且淬火开裂倾向增加。因此,对杂质元素的质量分数限制较严,一般 $\omega_{Si} \leq 0.35\%$、$\omega_{Mn} \leq 0.40\%$(较高锰的碳素工具钢除外)。在优质碳素工具钢中 $\omega_S \leq 0.030\%$、$\omega_P \leq 0.035\%$;而在高级优质碳素工具钢中 $\omega_S \leq 0.020\%$、$\omega_P \leq 0.030\%$。

常用碳素工具钢的牌号及用途举例见表 6-8。可以看出,各类碳素工具钢淬火后的硬度相近,但随碳的质量分数增加,钢中未溶渗碳体数量增多,耐磨性提高,而韧性降低;高级优质的比相应的优质碳素工具钢有较小的淬火开裂倾向,适于制造形状稍复杂的刃具。

碳素工具钢的牌号及用途举例　　　　表 6-8

牌号	硬度(退火状态) HBW	硬度(淬火状态) HRC	用途举例
T7 T7A	187	800~820℃水 62	用于制造承受冲击,要求韧性较好,硬度适当的工具,如扁铲、手钳、大锤、旋具、木工工具等
T8 T8A	187	780~800℃水 62	用于制造承受冲击,要求硬度较高的工具,如冲头、压缩空气工具、木工工具等,T8Mn 和 T8MnA 淬透性较好,可用于制造截面尺寸较大的工具
T8Mn T8MnA	187	780~800℃水 62	
T9 T9A	192	760~780℃水 62	用于制造硬度要求高,韧性适中的工具,如冲头、木工工具、凿岩工具等
T10 T10A	197	760~780℃水 62	用于制造不受剧烈冲击,硬度和耐磨性要求高的工具,如车刀、刨刀、冲头、丝锥、钻头、手锯条、小型冷冲模具等
T11 T11A	207	760~780℃水 62	

续上表

牌号	硬度(退火状态) HBW	硬度(淬火状态) HRC	用途举例
T12 T12A	207	760～780℃水 62	用于制造不受冲击,要求高硬度和高耐磨性的工具,如锉刀、刮刀、精车刀、丝锥、量规等,T13和T13A可用于制造耐磨性要求更高的工具,如刮刀、剃刀等
T13 T13A	217	760～780℃水 62	

碳素工具钢的预备热处理为球化退火,目的是改善切削加工性能,并为淬火做准备;最终热处理是淬火和低温回火,组织为回火马氏体、粒状碳化物及少量残留奥氏体,硬度可达60～65HRC。

❷ 低合金刃具钢

低合金刃具钢是在碳素工具钢的基础上加入少量合金元素形成的,主要用于制造切削量不大但形状复杂的刃具,也可用于制造冷作模具或量具。

低合金刃具钢中碳的质量分数为0.75%～1.45%,以保证钢在淬火后具有高硬度,并能形成适当数量的合金碳化物,以增加耐磨性。加入的合金元素主要有铬、锰、硅、钨、钒等,其作用是提高淬透性、耐回火性,细化晶粒,提高硬度、耐磨性及热硬性。常用低合金刃具钢的牌号、热处理及用途举例见表6-9。

常用低合金刃具钢的牌号、热处理及用途举例　　　　　表6-9

牌号	热处理及热处理后的硬度				用途举例
	淬火 (℃)	硬度 HRC	回火 (℃)	硬度 HRC	
Cr2	830～860 油	62	130～150	62～65	用于制造车刀、插刀、铰刀、冷轧辊、样板、量规等
9SiCr	820～860 油	62	180～200	60～62	用于制造耐磨性要求高、切削不剧烈的刀具,如板牙、丝锥、钻头、铰刀、齿轮铣刀、拉刀等,还可用于制造冷冲模具、冷轧辊等
CrWMn	800～830 油	62	140～160	62～65	用于制造要求淬火变形小、形状复杂的刀具,如拉刀、长丝锥等,还可用于制造量规、冷冲模具、精密丝杠等
9Mn2V	780～810 油	62	150～200	60～62	用于制造小型冷作模具及要求变形小、耐磨性高的量具、样板、精密丝杠、磨床主轴等,也可用于制造丝锥、板牙、铰刀等

低合金刃具钢的热处理与碳素工具钢的基本相同,预备热处理为球化退火,最终热处理为淬火和低温回火。

❸ 高速工具钢

高速工具钢是一种热硬性、耐磨性很高的高合金工具钢,其热硬性可达600℃,切削时能长期保持刃口锋利,故俗称"锋钢"。

高速工具钢中碳的质量分数一般为 0.70%～1.65%,加入的合金元素主要有钨、钼、铬、钒等,合金元素的质量分数为 10% 以上。碳的质量分数高是为了保证形成足够数量的合金碳化物,以提高钢的硬度和耐磨性;钨、钼是提高耐回火性、耐磨性和热硬性的主要元素;铬能明显提高淬透性,使高速工具钢在空冷条件下也能形成马氏体组织;钒能细化晶粒,并提高钢的硬度、耐磨性及热硬性。

高速工具钢中碳化物分布不均匀,会使刃具的性能降低,造成在使用过程中容易磨损和崩刃。因此,高速工具钢在出厂时,应按有关标准对碳化物的分布情况进行检验,粗大而分布不均匀的碳化物是不能用热处理的方法予以消除的,必须通过反复锻造,将其击碎并呈小块状均匀分布。高速工具钢锻造后一般进行等温退火处理,以消除残余应力,改善切削加工性能,并为淬火做准备。

高速工具钢只有经过适当的热处理才能获得良好的组织与性能。高速工具钢正常淬火、回火后的组织为极细的回火马氏体、粒状碳化物和少量残留奥氏体,硬度可达 63～66HRC。为进一步提高高速工具钢刃具的切削性能和使用寿命,可在淬火、回火后再进行某些化学热处理,如渗氮、硫氮共渗等。

常用高速工具钢中 W18Cr4V 钢的热硬性较高,过热敏感性较小,磨削性能好,但热塑性较差,热加工废品率较高,故适于制造一般的切削刃具,不适合制造薄刃刃具;W6Mo5Cr4V2 钢中的碳化物细小均匀,热塑性好,便于压力加工,并且热处理后的韧性与耐磨性较高,但热硬性稍差,加热时易脱碳与过热,故适于制造耐磨性与韧性需要较好配合的刃具,更适宜制造通过扭制、轧制等热加工成形的薄刃刃具,如齿轮铣刀、插齿刀、麻花钻等;高生产率型高速工具钢是用于制造加工高硬度、高强度金属的刃具材料,它是在通用型高速工具钢的基础上加入 5%～10% 的钴,形成的含钴高速工具钢,如 W18Cr4V2Co8,硬度可达 68～70HRC,热硬性可达 670℃,但脆性大,价格贵,一般用于制造特殊刃具。我国根据资源情况,形成了一种价格便宜、性能与含钴高速工具钢相近的高生产率型高速工具钢,即 W6Mo5Cr4V2Al。

二 模具钢

根据工作条件的不同,模具钢又分为冷作模具钢和热作模具钢两类。

1 冷作模具钢

冷作模具钢主要用于制造使金属在冷态下成型的模具,如冲裁模、弯曲模、拉深模、冷挤压模等。冷作模具工作时,金属要在模具中产生塑性变形,因而受到很大压力、摩擦或冲击,其正常的失效形式一般是磨损过度,有时也可能因脆断、崩刃而提前报废。因此,冷作模具钢应具有高硬度、高耐磨性及足够的强度与韧性,同时要求具有高的淬透性和低的淬火变形倾向。

对于形状简单、尺寸较小、工作载荷不大的冷作模具可用碳素工具钢制造,如 T8A、T10A、T12A 等;而形状较复杂、尺寸较大,工作载荷较重、精度要求较高的冷作模具一般用低合金刃具钢来制造,如 9Mn2V、9SiCr、CrWMn、Cr2 等;对于工作载荷重、耐磨性要求高、淬火变形要求小的冷作模具一般用 Cr12 型合金工具钢制造,如 Cr12、Cr12MoV 等。

Cr12 型合金工具钢中碳的质量分数一般为 1.45%～2.3%,铬的质量分数为 11%～13%。

Cr12 型合金工具钢与高速工具钢相似,属于莱氏体钢,铸态下有网状共晶碳化物存在。在制造模具时,特别是精度要求高、形状复杂的模具,必须通过合理的锻造以消除碳化物分布不均匀性。锻造后应缓慢冷却,然后再进行等温球化退火处理。

生产上提高 Cr12 型合金工具钢硬度的方法有两种：一种是采用较低的淬火温度和进行低温回火，可获得高硬度和高耐磨性，且淬火变形小，大多数 Cr12 型合金工具钢制造的冷作模具均采用此法；另一种是采用较高的淬火温度和进行多次回火，通过二次硬化达到高硬度、高耐磨性的目的，这种方法可以获得较高的热硬性，适于制造在 400～500℃ 条件下工作的模具或还需进行低温气体氮碳共渗的模具。

另外，滚动轴承钢、高速工具钢、高碳中铬型工具钢及基体钢也可用于制造冷作模具。

❷ 热作模具钢

热作模具钢主要用于制造使金属在热态下成型的模具。使加热的固态金属在压力下成型的模具称为热锻模具(包括热挤压模具)；使液态金属在压力下成型的模具称为压铸模具。热作模具在工作时，与高温金属周期性接触，反复受热和冷却，在模具的型腔表面容易产生网状裂纹，这种现象称为热疲劳。对于热锻模具和热挤压模具，还要受到强烈的磨损与冲击。因此，热作模具钢应具有足够的高温强度和韧性、足够的耐磨性、一定的硬度、良好的耐热疲劳性能及高的淬透性，还应具有良好的导热性与抗氧化性。

热作模具一般采用中碳合金工具钢制造，其碳的质量分数为 0.3%～0.6%，以保证获得较高的强度与韧性。加入的合金元素主要有铬、镍、锰、硅等，其目的是提高淬透性，强化铁素体，改善韧性，提高耐回火性和耐热疲劳性能。

5CrNiMo 和 5CrMnMo 是最常用的热锻模具钢。5CrNiMo 钢具有较高的高温强度和韧性，耐磨性高，淬透性良好，适于制造大型热锻模具；5CrMnMo 钢的淬透性和韧性稍低，但价格便宜，适于制造中、小型热锻模具。热挤压模具和压铸模具因与高温金属接触时间更长，应具有更高的高温性能和耐热疲劳性能，常用 3Cr2W8V 钢制造。

热作模具钢的最终热处理一般为调质处理或淬火与中温回火，以保证足够的韧性。有些热作模具还可以采用渗氮、碳氮共渗等化学热处理来提高其耐磨性和使用寿命。

三 量具钢

量具钢是指用于制造测量工件尺寸的工具用钢，应具有高硬度、高耐磨性、高的尺寸稳定性及良好的磨削加工性能，形状复杂的量具还要求淬火变形小。

制造量具没有专用钢材。一般形状简单、尺寸较小、精度要求不高的量具可用碳素工具钢或渗碳钢制造；高精度、形状复杂的量具可用微变形合金工具钢制造；精密量具可用滚动轴承钢制造；要求耐腐蚀的量具可用不锈钢制造。

量具钢的热处理与刃具钢基本相同，预备热处理为球化退火，最终热处理为淬火和低温回火。为了获得高硬度与高耐磨性，其回火温度还可低些。对于高精度的量具，为保证其尺寸稳定性，可在淬火后立即进行冷处理(-80～-70℃)，然后再进行低温(150～160℃)回火；低温回火后还需进行时效处理(120～130℃，保温 24～36h)，以消除残余应力，进一步稳定组织；并在精磨后再进行一次时效处理(120℃，保温 2～3h)，以消除磨削应力。常用量具钢材料与热处理见表 6-10。

量具用钢与热处理　　　　　　　　表 6-10

量具名称	材料	热处理
平样板、卡规、大型量具	15、20、20Cr	渗碳，淬火 + 低温回火
	50、55、60、65	调质，表面淬火 + 低温回火

续上表

量具名称	材料	热处理
要求耐腐蚀性的量具	3Cr13、4Cr13	淬火+低温回火
一般量规、量块及卡尺	T10A、T12A、9SiCr	淬火+低温回火
高精度量规、块规及形状复杂的样板	GCr15、CrWMn、9Mn2V	

另外,量具淬火时一般不采用贝氏体等温淬火或马氏体分级淬火,淬火加热温度也尽可能低一些,以免增加残留奥氏体量,降低尺寸稳定性。

任务6 特殊性能钢

特殊性能钢是指具有特殊物理、化学性能的钢。这类钢的化学成分、显微组织和热处理都与一般钢不同,常用的有不锈钢、耐热钢和耐磨钢等。

一 不锈钢

在腐蚀性介质中具有抵抗腐蚀能力的钢,一般称为不锈钢。

1 金属的腐蚀

金属表面受周围介质作用而引起损坏的过程称为金属的腐蚀或锈蚀。腐蚀通常分为电化学腐蚀和化学腐蚀两种类型。金属在电解质溶液中的腐蚀,称为电化学腐蚀,如金属在酸、碱、盐的水溶液及海水中的腐蚀,在潮湿空气中的腐蚀等;而金属与周围介质发生化学反应所形成的腐蚀称为化学腐蚀,如金属与干燥空气接触,其表面生成氧化物、硫化物、氯化物等造成的腐蚀。大部分金属的腐蚀都属于电化学腐蚀。

在同一金属材料中,不同的相或组织电极电位不同,当有电解质溶液存在时,也会形成微电池,从而产生电化学腐蚀。例如,碳钢是由铁素体和渗碳体两相组成的,铁素体的电极电位低,渗碳体的电极电位高,在潮湿的空气中,钢表面蒙上一层电解质溶液膜,形成微电池,因而铁素体被腐蚀。

根据金属腐蚀的机理,提高钢耐腐蚀性的途径主要有:①在钢中加入铬、镍、硅等合金元素,以提高其基体相的电极电位,阻止基体的腐蚀;②在钢中加入大量扩大或缩小奥氏体相区的合金元素,使钢在室温下呈单相奥氏体或单相铁素体组织,以阻止微电池的形成,提高钢的耐腐蚀性;③在钢中加入大量铬,使其表面形成一层致密的氧化膜,隔绝与周围介质的接触,提高耐腐蚀能力。

2 常用不锈钢

生产上常用的不锈钢,按其组织状态可分为马氏体不锈钢、铁素体不锈钢和奥氏体不锈钢三类。

(1)马氏体不锈钢。马氏体不锈钢属于铬不锈钢,通常称为 Cr13 型不锈钢。因淬火后能得到马氏体,故又称马氏体不锈钢。其中 1Cr13 和 2Cr13 钢适于制造在腐蚀条件下受冲击载荷作用的结构零件,如汽轮机叶片、水压机阀等,这两种钢的最终热处理一般为调质处理;而 3Cr13 和 7Cr13 钢适于制造医疗手术工具、量具、弹簧及滚动轴承等。

(2) 铁素体不锈钢。铁素体不锈钢也属于铬不锈钢。这类钢具有单相铁素体组织,其耐腐蚀性、塑性及焊接性能均高于马氏体不锈钢,有较强的抗氧化能力,但强度较低。主要用于制造化学工业中要求耐腐蚀的零件。

(3) 奥氏体不锈钢。奥氏体不锈钢属于铬镍不锈钢,通常称为18-8型不锈钢。这类钢碳的质量分数低,铬、镍的质量分数高,经热处理后,呈单相奥氏体组织,无磁性,其塑性、韧性和耐腐蚀性均高于马氏体不锈钢,有较高的化学稳定性,焊接性能良好。主要用于制造在强腐蚀性介质中工作的零件,经冷变形强化后也可用作某些结构材料。

二 耐热钢

耐热钢是指在高温下具有高的抗氧化性能和较高强度的钢。钢的耐热性能包括高温抗氧化性和高温强度两个方面。按正火状态下的组织不同,耐热钢一般分为珠光体钢、马氏体钢和奥氏体钢三类。

1 珠光体钢

珠光体钢可在450~600℃的条件下工作,一般用于制造受力不大的耐热零件,如锅炉中的管道、蒸汽导管等。而碳的质量分数较高的珠光体钢,主要用于制造受力较大的耐热零件,如紧固螺栓、汽轮机叶片等。

2 马氏体钢

马氏体钢有两种类型:一类是铬的质量分数为12%左右的马氏体耐热钢,多用于工作温度为450~620℃、受力较大的零件;另一类是铬的质量分数较低而另加入硅、钼等合金元素的马氏体耐热钢,工作温度可达700~750℃,常用于制造内燃机的气阀。

3 奥氏体钢

奥氏体钢有较高的高温强度,工作温度可达600~700℃,主要用于制造轮机叶片、发动机气阀等零件。

当零件的工作温度超过700℃时,则应选用镍基、铁基、钼基或陶瓷等耐热材料;对于工作温度低于350℃的零件,则选用一般的合金结构钢即可。

三 耐磨钢

坦克与拖拉机的履带板、挖掘机的斗齿、铁路道岔、防弹钢板等一类零件是在巨大压力及冲击载荷条件下工作的,要求其心部具有良好的塑性和韧性,表层具有高的硬度和耐磨性。为此,生产上出现了耐磨钢。

耐磨钢中碳的质量分数一般为0.9%~1.3%,以保证高硬度和高耐磨性;主要加入的合金元素是锰,其质量分数为11%~14%,以保证获得塑性与韧性良好的单相奥氏体组织。

耐磨钢的热处理一般采用水韧处理,即将钢加热到1060~1100℃,保持一定时间,使碳化物全部溶入奥氏体中,然后在水中迅速冷却,获得单相奥氏体组织。耐磨钢经水韧处理后,强度、硬度不高,塑性、韧性良好。但受到强烈冲击、巨大压力和摩擦后,其表面因塑性变形而明显强化,同时诱发奥氏体向马氏体转变。因此,表面硬度显著提高,心部却保持塑性与韧性良好的奥氏体状态。常用耐磨钢的牌号、热处理、力学性能及用途举例见表6-11。

耐磨钢的牌号、热处理、力学性能及用途举例　　　表 6-11

牌号	热处理（水韧处理）	力学性能				用途举例
		R_m(MPa)	A(%)	KU(J)	HBW	
ZGMn13-1	1060~1100℃水冷	635	20	—	—	用于制造结构简单、要求耐磨性为主的低冲击铸件，如衬板、齿板、辊套、铲齿、铁路道岔等
ZGMn13-2		685	25	147	300	
ZGMn13-3		735	30	147	300	用于制造结构复杂、要求韧性为主的高冲击铸件，如履带板、碎石机颚板等
ZGMn13-4		735	20	—	300	

耐磨钢因锰的质量分数很高而称为高锰钢。由于冷变形强化效果明显，所以切削加工很困难，一般多采用铸造的方法成型。

小结

本项目主要介绍了以下内容：
（1）钢的分类及编号。
（2）钢中常存元素及合金元素在钢中的作用。
（3）结构钢、工具钢、刃具钢、量具钢和特殊性能钢的成分及性能特点。

思考与练习

一、名词解释

非合金钢，热脆，冷脆。

二、填空题

1. 钢中"五大元素"指＿＿＿＿＿＿，其中有害元素是＿＿＿＿＿＿。
2. 按碳的质量分数不同，非合金钢可分为＿＿＿＿＿、＿＿＿＿＿和＿＿＿＿＿三类。
3. 按主要质量等级，非合金钢可分＿＿＿＿＿、＿＿＿＿＿和＿＿＿＿＿三类。
4. 按脱氧程度，非合金钢可分＿＿＿＿＿、＿＿＿＿＿、＿＿＿＿＿和＿＿＿＿＿等。
5. T12A 钢按用途分＿＿＿＿＿＿钢，按碳的质量分数分类属于＿＿＿＿＿＿，按冶炼质量分类属于＿＿＿＿＿＿。
6. 20 钢按用途分类属于＿＿＿＿＿＿钢，按碳的质量分数分类属于＿＿＿＿＿＿，按冶炼质量属于＿＿＿＿＿＿。
7. Q235 钢按用途分类属于＿＿＿＿＿＿钢，按冶炼质量属于＿＿＿＿＿＿。
8. 钢中的非金属夹杂物主要分＿＿＿＿＿、＿＿＿＿＿和＿＿＿＿＿三大类。
9. 一般来说，硫在钢中能造成＿＿＿＿＿＿，磷在钢中能造成＿＿＿＿＿＿。
10. 铸造碳钢一般用于制造形状复杂＿＿＿＿＿＿要求高的机械零件。

三、选择题

1. 08F 牌号中，08 表示其平均碳的质量分数为（　　　）。

A.0.08%　　　　　B.0.8%　　　　　C.8%

2.ZG310-570中,310表示钢的(　　),570表示钢的(　　)。
　A.抗拉强度值　　B.屈服强度值　　C.疲劳强度值　　D.布氏硬度值

3.选择制造下列零件的材料:冲压件(　　),齿轮(　　),小弹簧(　　)。
　A.08F　　　　B.70　　　　C.45　　　　D.T10

4.选择制造下列工具所用的材料:木工工具(　　),锉刀(　　),锯条(　　)。
　A.T8A　　　B.T10　　　C.T12　　　D.20

5.一般来说,P、S属于钢中的有害元素,应限制其含量。但在某些特殊用途的钢中却反而要适当提高其含量,以提高钢材的(　　)。
　A.淬透性　　B.纯净度　　C.焊接性　　D.可加工性

6.非合金钢的质量高低,主要根据钢中杂质(　　)含量的多少划分。
　A.S、P　　　B.Si、Mi　　　C.S、Mn　　　D.P、Si

7.钢牌号Q235A中的235表示的是(　　)。
　A.抗拉强度值　　　　　　　B.屈服强度值
　C.疲劳强度值　　　　　　　D.布氏硬度值

8.在平衡状态下,下列牌号的钢中强度最高的是(　　),塑性最好的是(　　),硬度最高的是(　　)。
　A.45　　　B.65　　　C.08F　　　D.T12

9.低碳钢的火花束中流线较(　　),爆花多为(　　)。
　A.短,一次花　　B.长,一次花　　C.短,二次花　　D.长,二次花

10.下列非合金钢中焊接性最好的是(　　),冲压性能最好的是(　　)。
　A.45钢　　　B.Q235钢　　　C.08F钢　　　D.T12钢

四、判断题

1.T10钢中碳的质量分数是10%。　　　　　　　　　　　　　　　　　(　　)
2.高碳钢的质量优于中碳钢,中碳钢的质量优于低碳钢。　　　　　　　(　　)
3.优质碳素结构钢使用前不必进行热处理。　　　　　　　　　　　　　(　　)
4.碳素工具钢的碳含量越高,材料的韧性越好,耐磨性也越强。　　　　(　　)
5.碳素工具钢都是优质或高级优质钢,其碳的质量分数一般都大于0.7%。(　　)
6.硫是钢中的有害杂质,能导致钢的冷脆性。　　　　　　　　　　　　(　　)
7.45Mn钢是合金钢。　　　　　　　　　　　　　　　　　　　　　　　(　　)
8.低碳钢的强度、硬度低,但具有良好的塑性、韧性及焊接性。　　　　(　　)
9.硫、磷在钢中是有害元素,所以它们在钢中没有任何好的作用。　　　(　　)
10.冶金质量等级高的钢就是力学性能高的钢。　　　　　　　　　　　　(　　)

五、简答题

1.硫和磷在钢中有哪些危害?如何消除?
2.常用的非合金钢有哪些种类?
3.说明碳素结构钢牌号数值与性能、用途之间的关系。
4.说明优质碳素结构钢牌号数值与碳的质量分数、组织、性能、用途之间的关系。
5.不同牌号的碳素工具钢在力学性能和用途上有什么区别?

六、填表

钢号	种类	牌号中符号和数字的含义
Q235B		
08F		
45		
65Mn		
T8A		
T12		
ZG310-570		

项目 7 铸铁

知识目标
1. 了解铸铁石墨化的概念及其影响因素；
2. 掌握铸铁的特点和分类；
3. 掌握常用铸铁的组织、性能、牌号及应用。

技能目标
1. 能够理解铸铁的基本定义、分类；
2. 能够正确阐述铸铁、钢和其他金属材料的区别；
3. 能够结合需求正确选用铸铁。

素养目标
1. 培养学生的沟通协调能力和团队精神，以适应未来多元化的工作环境；
2. 培养学生的科学探究精神和创新意识，弘扬劳动精神、奋斗精神和创造精神。

概 述

铸铁是指碳的质量分数大于 2.11% 的铁碳合金。铸铁的抗拉强度、塑性和韧性很差，但其生产设备、熔炼工艺简单、价格低廉，并具有较好的铸造性、减磨性和切削加工性能，因此在机械加工中得到了广泛的应用。在汽车上，铸铁被广泛采用，如汽车发动机的主要零件汽缸体、汽缸盖、活塞环，以及变速器外壳、后桥壳和其他许多零件都采用铸铁材料。

常用的铸铁具有优良的铸造性能，同时减振性、耐磨性和切削加工性较好，且生产工艺简便，成本低，应用广泛。铸铁是工业生产中重要的工程材料，例如汽车中铸铁占 50%～70%（质量百分数）。

任务 1 铸铁的石墨化和分类

一、铁碳合金的双重相图和石墨化过程

碳在铸铁中主要以两种形式存在：与铁结合形成化合物渗碳体（Fe_3C）和游离态石墨（常

用符号 G 表示),而石墨才是一种稳定相,其晶体结构如图 7-1 所示,铸铁中碳以石墨形态析出的过程叫作铸铁的石墨化。

铁碳合金结晶时,碳更容易形成渗碳体,但在具有足够扩散时间(冷却速度缓慢)的条件下,碳也会以石墨析出;石墨还可通过渗碳体在高温下的分解获得,因此,渗碳体是一种亚稳相:

$$Fe_3C \rightarrow 3Fe + G$$

液态铸铁随着冷却条件的不同,可从液态和奥氏体中直接结晶出 Fe 和 C,也可析出石墨,一般缓慢冷却的情况下结晶出石墨。

快冷时结晶出 Fe_3C,而 Fe_3C 在一定的条件下又可分解为铁素体和石墨 G。这样,对于 Fe-C 合金的结晶过程来说,存在着两种相图,如图 7-2 所示。为了便于比较和应用,通常将两个相图画在一起并称为铁碳合金双重相图。

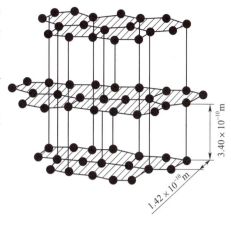

图 7-1 石墨的晶体结构

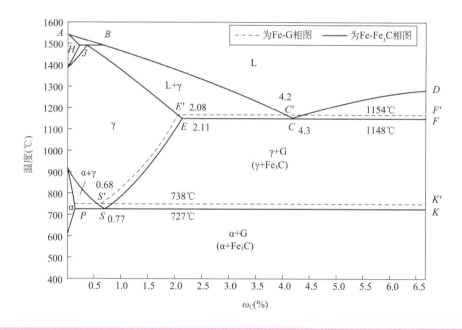

图 7-2 铁碳合金双重相图

根据铁碳合金双重相图和结晶条件的不同,铸铁结晶析出石墨的过程分为三个阶段。

①第一阶段:从液态铸铁直接结晶出的初生石墨或在 1154℃ 通过共晶转变而形成石墨。

②第二阶段:从奥氏体中析出二次石墨,发生在 1154~738℃。

③第三阶段:在 738℃ 时通过共析反应而形成的石墨。

第一、二阶段温度高,石墨化充分进行。由于第三阶段温度低容易控制,可得到三种不同的组织:第三阶段完全石墨化——F+G;第三阶段部分石墨化——F+P+G;第三阶段没有石墨化——P+G。

铸铁的石墨化程度与铸铁的显微组织见表 7-1。

表 7-1 石墨化程度与铸铁的显微组织

石墨化进行程度		铸铁的显微组织	铸铁类型
第一阶段石墨化	第二阶段石墨化		
完全进行	完全进行	F + G	灰口铸铁
	部分进行	F + P + G	
	未进行	P + G	
部分进行	未进行	L'd + P + G	麻口铸铁
未进行	未进行	L'd	白口铸铁

注：1. 铸铁中的石墨可以在结晶过程中直接析出，也可以由渗碳体加热时分解得到；
  2. L'd 表示低温莱氏体。

铸铁在结晶过程中，随着温度的下降，各温度阶段都有石墨析出，石墨化过程是一个原子扩散的过程，温度越低，原子扩散越困难，越不易石墨化。由于石墨化程度不同，铸态下铸铁将获得三种不同的组织：铁素体基体 + 石墨，铁素体—珠光体基体 + 石墨，珠光体基体 + 石墨，如图 7-3 所示。

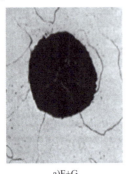
a) F+G

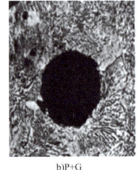
b) P+G

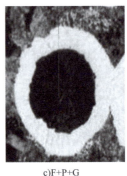
c) F+P+G

图 7-3 铸铁基体组织示意图

二 影响石墨化的因素

铸铁的性能取决于石墨化的程度和所得的基体组织，因此影响石墨化的因素尤为重要。

1 化学成分的影响（内因）

根据化学成分对石墨化的不同影响，可把影响石墨化的元素分为促进石墨化元素和阻碍石墨化的元素两类。

（1）C 和 Si 是强烈促进石墨化的元素，对铸铁的石墨化起决定性作用。C 是形成石墨的基础，增大铸铁中 C 的浓度，有利于形成石墨。Si 是强烈促进石墨化的元素，Si 含量越高，石墨化进行得越充分，越易获得灰口组织。通常把 C 和 Si 含量控制在 $\omega_C = 2.5\% \sim 4\%$、$\omega_{Si} = 1\% \sim 2.5\%$。

（2）S 是强烈阻碍石墨化的元素。S 使 C 以渗碳体的形式存在，促使铸铁白口化。此外，S 还会降低铸铁的力学性能和流动性。因此，铸铁中 S 含量越少越好。

（3）Mn 是阻碍石墨化的元素，能溶于铁素体和渗碳体中，增强铁、碳原子间的结合力，扩大奥氏体区，阻止共析转变时的石墨化，促进珠光体基体的形成。锰还能与硫生成 MnS，减少硫的有害作用。锰质量分数一般为 0.5% ~ 1.4%。

(4) P 是微弱促进石墨化的元素,它能提高铸铁的流动性。若磷含量过高,会增加铸铁的冷裂倾向,因此通常要限制 P 的含量。磷含量高时易在晶界上形成硬而脆的磷共晶,降低铸铁的强度,只有耐磨铸铁中磷含量偏高(达 0.3% 以上),如图 7-4 所示。

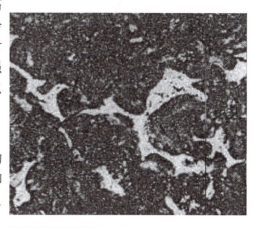

图 7-4　铸铁中的磷共晶

② 冷却速度的影响(外因)

缓慢冷却时碳原子扩散充分,易形成稳定的石墨,即有利于石墨化。铸造生产中凡影响冷却速度的因素均对石墨化有影响。如铸件壁越厚,铸型材料的导热性越差,越有利于石墨化。

化学成分和冷却速度对石墨化的影响如图 7-5 所示。由图可见,铸件壁厚越薄,C、Si 含量越低,越易形成白口组织。因此,调整 C、Si 含量及冷却速度是控制铸铁石墨化的关键。

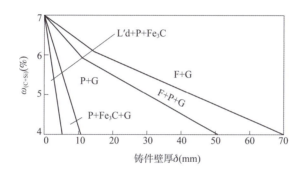

图 7-5　化学成分和壁厚对石墨化的影响

③ 铸铁加工性能特点

(1) 铸造性能。铸铁的熔点低,属于共晶转变区域。铸造流动性较好,又由于铸铁在结晶过程中产生大量的石墨,补偿了基体的收缩,因此铸铁的收缩量较小,一般为 0.5%~1%,减小了铸件的内应力,防止了铸件的变形和开裂。

(2) 机械加工性能。由于石墨强度低,起着裂纹和空洞的作用,同时还割裂了金属基体的连续性,且石墨又起润滑作用,因此,铸铁的切削加工性较好。

任务 2　常见铸铁的分类

一　分类

根据碳的存在形式,铸铁可分为以下几类。

① 白口铸铁

在白口铸铁中,碳除少量溶入铁素体外,绝大部分以渗碳体的形式存在,其断口呈银白色,故称白口铸铁。

白口铸铁硬而脆,难以切削加工,工业上很少直接用来制造机械零件,主要用作炼钢原料、可锻铸铁的毛坯,以及不需要切削加工,但要求硬度高和耐磨性好的零件,如轧辊、犁铧及球磨机的磨球等。

❷ 麻口铸铁

在麻口铸铁中,其组织介于白口铸铁与灰铸铁之间,即碳的一部分以石墨存在,另一部分以渗碳体存在,断口呈黑白相间,这类铸铁的脆性较大,故很少使用。

❸ 灰口铸铁

在灰口铸铁中,碳主要以石墨的形式存在,断口呈灰色。这类铸铁是工业上应用最广泛的铸铁。根据其石墨的存在形式不同,可分为四类性能不同的铸铁件。

(1)灰铸铁:碳主要以片状石墨形式存在的铸铁。
(2)球墨铸铁:碳主要以球状石墨形式存在的铸铁。
(3)可锻铸铁:碳主要以团絮状石墨形式存在的铸铁。
(4)蠕墨铸铁:碳主要以蠕虫状石墨形式存在的铸铁。

二 灰铸铁

❶ 灰铸铁的成分

灰铸铁的成分大致范围为 $\omega_C = 2.7\% \sim 3.6\%$、$\omega_{Si} = 1\% \sim 2.2\%$、$\omega_{Mn} = 0.5\% \sim 3\%$、$\omega_P = 0.05\% \sim 0.3\%$、$\omega_S = 0.02\% \sim 0.15\%$。

❷ 灰铸铁的组织

灰铸铁的组织可看成是碳钢的基体加片状石墨。按基体组织的不同,灰铸铁分为三类:铁素体基体灰铸铁、铁素体—珠光体基体灰铸铁、珠光体基体灰铸铁,其显微组织分别如图 7-6a)、b)、c)所示。

❸ 灰铸铁的性能

(1)力学性能。灰铸铁的力学性能与基体的组织和石墨的数量、大小、形态和分布有关。由于石墨的力学性能几乎为零,可以把铸铁看成是布满裂纹或空洞的钢。一方面,石墨不仅破坏了基体的连续性,减小了金属基体承受载荷的有效截面积,使实际应力大大增加。另一方面,在石墨尖角处易造成应力集中,使尖角处的应力远大于平均应力。因此,灰铸铁的抗拉强度、塑性和韧性远低于钢。石墨片的数量越多、尺寸越大、分布越不均匀,对力学性能的影响就越大。

但石墨的存在对灰铸铁的抗压强度影响不大,由于抗压强度主要取决于灰铸铁的基体组织,灰铸铁的抗压强度比抗拉强度高 3~4 倍,因此,常用于制造基座类支撑件。

基体组织对铸铁的力学性能也有一定的影响,不同基体组织的灰铸铁性能是有差异的。铁素体基体灰铸铁的石墨片粗大,强度和硬度最低,故应用较少;珠光体基体灰铸铁的石墨片细小,有较高的强度和硬度,主要用来制造较重要铸件。铁素体—珠光体基体灰铸铁的石墨片较珠光体灰铸铁稍粗大,性能不如珠光体灰铸铁,故工业上较多使用的是珠光体基体的灰铸铁。

(2)其他性能。石墨虽然降低了灰铸铁的力学性能,但却给灰铸铁带来一系列其他的优良性能。

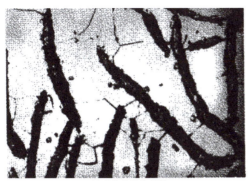
a)铁素体基体灰铸铁

b)铁素体—珠光体基体灰铸铁

c)珠光体基体灰铸铁

图7-6 灰铸铁的显微组织

①良好的铸造性能。灰铸铁铸造成型时,不仅其流动性好,而且还因为在凝固过程中析出比容较大的石墨,减小凝固收缩,容易获得优良的铸件,表现出良好的铸造性能。

②良好的减振性。石墨对铸铁件承受振动能起缓冲作用,减弱晶粒间振动能的传递,并将振动能转变为热能,所以灰铸铁具有良好的减振性。

③良好的耐磨性能。石墨本身也是一种良好的润滑剂,脱落在摩擦面上的石墨可起润滑作用,因而灰铸铁具有良好的耐磨性能。

④良好的切削加工性能。在进行切削加工时,石墨起着减磨、断屑的作用;由于石墨脱落形成显微凹穴,起储油作用,可维持油膜的连续性,故灰铸铁切削加工性能良好,刀具磨损小。

⑤低的缺口敏感性。片状石墨相当于许多微小缺口,从而减小了铸件对缺口的敏感性,因此表面加工质量不高或组织缺陷对铸铁疲劳强度的不利影响要比对钢的影响小得多。

由于灰铸铁具有以上一系列性能特点,因此,被广泛地用来制作各种受压应力作用和要求消振的机床床身与机架、结构复杂的壳体与箱体、承受摩擦的缸体与导轨等。

4 灰铸铁的孕育处理——孕育铸铁

为了提高灰铸铁的力学性能,生产上常对灰铸铁进行孕育处理,即在浇注前向铁液中加入少量孕育剂(如硅—铁和硅—钙合金),形成大量的、高度弥散的难熔质点,成为石墨的结晶核心,以促进石墨的形核,从而得到细珠光体基体和细小均匀分布的片状石墨,以减小石墨对基体组织的割裂作用,使铸铁的强度和塑性提高。孕育处理后得到的铸铁叫作孕育铸铁,图7-7a)、b)所示为处理前后的显微组织对比。

a)孕育处理前

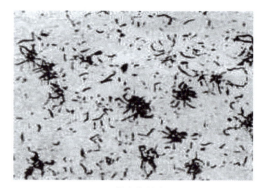
b)孕育处理后

图7-7 灰铸铁的孕育处理

孕育铸铁的强度和韧性都优于普通灰铸铁,而且孕育处理使得不同壁厚铸件的组织比较均匀,性能基本一致。故孕育铸铁常用来制造力学性能要求较高而截面尺寸变化较大的大型铸件,如汽缸、曲轴、机床床身等。

5 灰铸铁的热处理

灰铸铁的力学性能在很大程度上受到石墨相的支配,而热处理只能改变基体的组织,不能改变石墨的形态和分布,也不能改善片状石墨对基体组织割裂的有害作用,因而通过热处理方法不可能明显提高灰铸铁件的力学性能,灰铸铁的热处理主要用于消除铸件内应力和白口组织,稳定尺寸,提高表面硬度和耐磨性等。灰铸铁常用的热处理方法有以下几种。

(1)去应力退火。用以消除铸件在凝固过程中因冷却不均匀而产生的铸造应力,防止铸件产生变形和裂纹。其工艺是,将铸件加热到500~600℃,保温一段时间后随炉缓冷至150~200℃以下出炉空冷,有时把铸件在自然环境下放置很长一段时间,使铸件内应力得到松弛,这种方法叫作自然时效。大型灰铸铁件可以采用此法来消除铸造应力。

(2)石墨化退火。以消除白口组织降低硬度,改善切削加工性能。其方法是将铸件加热到850~900℃,保温2~5h,然后随炉缓冷至400~500℃出炉空冷,使渗碳体在保温和缓冷过程中分解而形成石墨。

(3)表面淬火。可提高表面硬度和延长使用寿命。如对于机床导轨表面和内燃机汽缸套内壁等灰铸铁件的工作表面,需要有较高的硬度和耐磨损性能,可以采用表面淬火的方法。常用的表面淬火方法有高(中)频感应加热表面淬火和接触电阻加热表面淬火。

6 灰铸铁的牌号及用途

灰铸铁的牌号是由"HT"("灰铁"两字汉语拼音首字母)和最小抗拉强度值(用 ϕ30mm 试棒的抗拉强度)表示。例如,牌号 HT250 表示, ϕ30mm 试棒的最小抗拉强度值=250MPa 的灰铸铁。灰铸铁的牌号、力学性能及用途举例见表7-2。

灰铸铁的牌号、力学性能及用途举例　　　　表7-2

牌号	铸铁类别	最小抗拉强度(MPa)	用途举例
HT100	铁素体灰铸铁	100	适用于低载荷及不重要的零件,如外罩、盖、手把、手轮、支架、外壳等

续上表

牌号	铸铁类别	最小抗拉强度（MPa）	用途举例
HT150	珠光体+铁素体灰铸铁	150	适用于承受中等载荷的零件，如底座、工作台、齿轮箱、机床支柱等
HT200	珠光体灰铸体	200	适用于承受较大载荷及较重要的零件，如机床床身、汽缸体、联轴器、齿轮、飞轮、活塞、液压缸等
HT250		250	
HT300	孕育铸铁	300	适用于承受大载荷的重要零件，如齿轮、凸轮、高压油缸、床身、泵体、大型发动机曲轴、车床卡盘等
HT350		350	

三、球墨铸铁

1. 球墨铸铁

球墨铸铁是通过对铁液的球化处理获得的。球墨铸铁生产中，能使石墨结晶成球状的物质称为球化剂，将球化剂加入铁液的处理称为球化处理。目前，常用的球化剂有镁、稀土元素和稀土镁合金三种，其中稀土镁合金球化剂由稀土、硅铁、镁组成，性能优于镁和稀土元素，应用最为广泛，加入量为铁水的1%~1.6%。Mg的密度小、沸点低，若直接加入到铁水中，会沸腾，易发生事故。20世纪60年代，我国研制的稀土镁球墨铸铁，即为在铁水中加入适量的稀土—硅铁—镁，是目前一种较好的球化剂。

由于镁及稀土元素都强烈阻碍石墨化，因此，在进行球化处理的同时（或随后），必须加入孕育剂进行孕育处理，其作用是削弱白口倾向，以免出现白口组织，孕育剂加入量为铁水总量得0.5%~1%，要求获得铁素体基体时，加入量为0.8%~1.6%。

同时，孕育处理可以改善石墨的结晶条件，使石墨球径变小，数量增多，形状圆整，分布均匀，从而提高了铸铁的力学性能。

2. 球墨铸铁的组织和性能

球墨铸铁的组织可看成是碳钢的基体加球状石墨。按基体组织的不同，常用的球墨铸铁有：铁素体基体球墨铸铁、铁素体—珠光体基体球墨铸铁、珠光体基体球墨铸铁和下贝氏体基体球墨铸铁等，如图7-8a）、b）、c）和d）所示。

球状石墨对基体的割裂作用明显减小，应力集中减轻，因此能充分发挥基体的性能，基体强度的利用率可达70%以上，而灰铸铁只有30%左右，所以球墨铸铁的强度、塑性与韧性都大大优于灰铸铁，可与相应组织的铸钢相媲美。球墨铸铁中石墨球越圆整、球径越小、分布越均匀，其力学性能越好。

球墨铸铁不仅力学性能远远超过灰铸铁，而且同样具有灰铸铁的一系列优点，如良好的铸造性、减振性、减磨性、切削加工性及低的缺口敏感性等。球墨铸铁的缺点是凝固收缩较大，容易出现缩松与缩孔，熔铸工艺要求高，铁液成分要求严格，此外，它的消振能力也比灰铸铁低。

3. 球墨铸铁的热处理

球墨铸铁的力学性能在很大程度上受到基体的支配，铸态下的球墨铸铁基体组织一般为铁素体与珠光体，球墨铸铁常用热处理方法来改变基体组织，从而获得所需的性能。理论上，凡是钢材采用的热处理方法都可以应用于球墨铸铁,在进行球墨铸铁的热处理时,其基体在加热、冷却的过程中的相变,可以近似看成为钢的相变。球墨铸铁常用的热处理方法有以下几种。

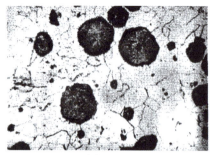
a)铁素体基体球墨铸铁

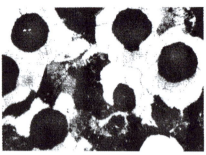
b)铁素体—珠光体基体球墨铸铁

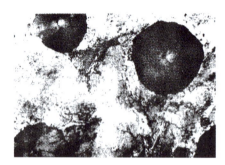
c)珠光体基体球墨铸铁

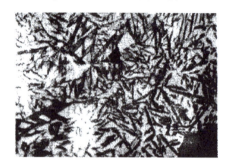
d)下贝氏体基体球墨铸铁

图7-8　球墨铸铁的显微组织

(1)退火。球墨铸铁的退火分为去应力退火、低温退火和高温退火。去应力退火工艺与灰铸铁相同。低温退火和高温退火的目的是使组织中的渗碳体分解,获得铁素体基体球墨铸铁,提高塑性与韧性,改善切削加工性能。

①低温退火。适用于铸铁原始组织为"铁素体 + 珠光体 + 石墨"的情况,其工艺过程为:将铸件加热至700～760℃,保温2～8h,使珠光体中渗碳体分解,然后随炉缓冷至600℃左右出炉空冷。

②高温退火。适用于铸铁原始组织中既有珠光体,又有自由渗碳体的情况,其工艺过程为:将铸件加热到900～950℃,保温2～5h,使渗碳体分解,然后随炉缓冷至600℃左右出炉空冷。

(2)正火。球墨铸铁正火的目的是:增加基体中珠光体的数量,或获得全部珠光体基体,起细化晶粒、提高铸件的强度和耐磨性能的作用。正火分为低温正火和高温正火。

①低温正火。将铸件加热到820～860℃,保温1～4h,然后出炉空冷,获得以铁素体—珠光体为基体组织的球墨铸铁。

②高温正火。将铸件加热到880～950℃,保温1～3h,使基体组织部分奥氏体化,铸件塑性与韧性较好,但会使基体组织全部奥氏体化,然后出炉空冷,获得以珠光体为基体组织的球墨铸铁。

(3)调质处理。将铸件加热到860～920℃,保温2～4h后在油中淬火,然后在550～600℃,回火2～4h,得到回火索氏体加球状石墨的组织,具有良好的综合力学性能。用于受力复杂和综合力学性能要求高的重要铸件,如曲轴、连杆等。

(4)等温淬火。将铸件加热到 850～900℃，保温后迅速放入 250～350℃ 的盐浴中等温 1～1.5h，然后出炉空冷，获得下贝氏体基体加球状石墨的组织，使综合力学性能良好，它用于形状复杂，热处理易变形开裂，要求强度高、塑性和韧性好、截面尺寸不大的零件。

(5)表面淬火。对于在动载荷与摩擦条件下工作的齿轮、曲轴、凸轮轴等零件，除要求铸铁件具有良好的综合力学性能外，还要求零件工作表面具有较高的硬度、耐磨性和疲劳强度，因此往往对这类球墨铸铁件进行表面淬火。

4 球墨铸铁的牌号及用途

球墨铸铁的牌号是由"QT"（"球铁"两字汉语拼音首字母）后附最小抗拉强度值（MPa）和最小断后伸长率的百分数表示。例如，牌号 QT600-2，表示最低抗拉强度为 600MPa、最小断后伸长率为 2% 的球墨铸铁。

球墨铸铁的力学性能优于灰铸铁，与钢相近。球墨铸铁的强度是碳钢的 70%～90%。其突出特点是屈强比高，为 0.7～0.8，而钢一般只有 0.3～0.5。可用它代替铸钢和锻钢制造各种载荷较大、受力较复杂和耐磨损的零件。如珠光体基体球墨铸铁，常用于制造汽车、拖拉机或柴油机中的曲轴、连杆、凸轮轴、齿轮，机床中的主轴、蜗杆、蜗轮等。而铁素体基体球墨铸铁，多用于制造受压阀门、机器底座、汽车后桥壳等。球墨铸铁的牌号、基体组织、力学性能及用途举例见表 7-3。

球墨铸铁的牌号、力学性能及用途举例　　　　　表 7-3

牌号	基体组织	最小抗拉强度（MPa）	最小断后伸长率（%）	用途举例
QT400-18	铁素体	400	18	阀体、汽车及内燃机车零件、机床零件、差速器壳、农机具等
QT400-15	铁素体	400	15	
QT450-10	铁素体	450	10	
QT500-7	铁素体+珠光体	500	7	机油泵齿轮、铁路机车车辆轴瓦、传动轴、飞轮等
QT600-3	铁素体+珠光体	600	3	柴油机曲轴、凸轮轴、汽缸体、汽缸套、活塞环、部分磨床、铣床、车床的主轴、蜗轮及蜗杆、大齿轮等
QT700-2	珠光体	700	2	
QT800-2	珠光体或回火组织	800	2	
QT900-2	贝氏体或回火马氏体	900	2	汽车螺旋锥齿轮、拖拉机减速器齿轮、柴油机凸轮轴、内燃机曲轴等

四 蠕墨铸铁

1 蠕墨铸铁的生产特点

蠕墨铸铁是从 20 世纪 60 年代迅速发展起来的一种高强铸铁材料，通过对铁液的蠕化处理获得蠕墨铸铁，即浇注前向铁液中加入蠕化剂，促使石墨呈蠕虫状析出，这种处理方法称为蠕化处理。目前常用的蠕化剂有稀土镁铝合金、稀土硅铁合金、稀土钙硅铁合金等。

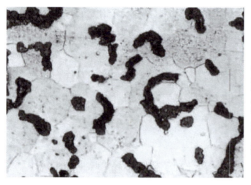

图7-9 蠕墨铸铁的显微组织

2 蠕墨铸铁的组织和性能

蠕墨铸铁组织中的石墨呈蠕虫状,形态介于片状与球状之间,如图7-9所示。石墨的形态决定了蠕墨铸铁的力学性能介于相同基体组织的灰铸铁和球墨铸铁之间,蠕墨铸铁的强度利用率较高(屈服比 = 0.72 ~ 0.82),比球墨铸铁和钢都高。

其铸造性能、减振性和导热性优于球墨铸铁,与灰铸铁相近,蠕墨铸铁的耐磨性比灰铸铁提高2倍以上。

3 蠕墨铸铁的牌号及用途

蠕墨铸铁的牌号是由"RuT"("蠕铁"两字汉语拼音首字母)后附最小抗拉强度值(MPa)表示。例如,牌号RuT300,表示最小抗拉强度为300MPa的蠕墨铸铁。

蠕墨铸铁主要用于承受热循环载荷、结构复杂、要求组织致密、强度高的铸件,如大功率柴油机的汽缸盖、汽缸套、进(排)气管、钢锭模、阀体等铸件。蠕墨铸铁的牌号、力学性能及用途举例见表7-4。

蠕墨铸铁的牌号、力学性能及用途举例　　表7-4

牌号	基体组织	最小抗拉强度(MPa)	最小断后伸长率(%)	用途举例
RuT260	铁素体	260	3.0	汽车底盘零件、增压器、废气进气壳体等
RuT300	铁素体 + 珠光体	300	1.5	排气管、汽缸盖、液压件、钢锭模等
RuT340	铁素体 + 珠光体	340	1.0	飞轮、制动鼓、重型机床零件、起重机卷筒等
RuT380	珠光体	380	0.75	活塞环、制动盘、汽缸套、玻璃模具等
RuT420	珠光体	420	0.75	

五 可锻铸铁

1 可锻铸铁的特点

可锻铸铁俗称玛钢或马铁。可锻铸铁的生产是先获得白口铸铁,再经可锻化退火工艺获得。可锻化退火工艺曲线,如图7-10所示。即将白口铸铁加热到900 ~ 980℃,使铸铁组织转变为"奥氏体 + 渗碳体",在此温度下长时间保温,使渗碳体分解为团絮状石墨,这时铸铁组织为"奥氏体 + 石墨",随后按冷却曲线①在Ar_1线附近缓慢冷却,使石墨化充分进行,可获得铁素体基体可锻铸铁。按曲线②快速冷却,可获得珠光体基可锻铸铁。

铁素体基体可锻铸铁的组织是"铁素体基体 + 团絮状石墨",其断口呈黑灰色,俗称黑心可锻铸铁。这种铸铁件的强度与塑性均较灰铸铁的高,主要用于承受冲击载荷和振动的铸件,是最为常用的一种可锻铸铁。

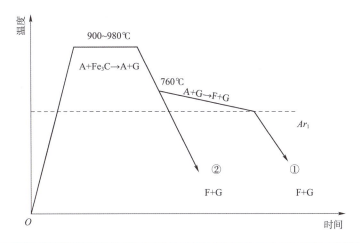

图7-10 可锻化退火工艺曲线

如果将白口铸铁件在氧化性介质中退火,表层(1.5~2mm)完全脱碳得到的铁素体组织,呈暗灰色,而其心部为"珠光体P+团絮状G组织",呈白亮色,俗称白心可锻铸铁,在机械工业中很少应用,两种组织如图7-11所示。可锻铸铁的基体组织不同,其性能也不一样,其中黑心可锻铸铁具有较高的塑性和韧性,而珠光体可锻铸铁具有较高的强度、硬度和耐磨性。

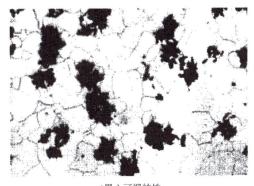
a)黑心可锻铸铁

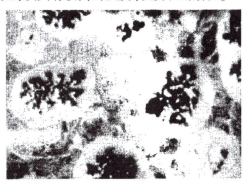
b)白心可锻铸铁

图7-11 可锻铸铁的显微组织

2 可锻铸铁的性能

可锻铸铁由于石墨呈团絮状,大大减弱了对基体的割裂作用,与灰铸铁相比,具有较高的力学性能,尤其具有较高的塑性和韧性,因此被称为可锻铸铁,但实际上可锻铸铁并不能锻造。

与球墨铸铁相比,可锻铸铁质量稳定,铁液处理简易,容易组织流水生产,但生产周期长。

在缩短可锻铸铁退火周期取得很大进展后,可锻铸铁具有发展前途,在汽车、拖拉机中得到了广泛应用。

3 可锻铸铁的牌号及用途

可锻铸铁的牌号是由"KTH"("可铁黑"三字汉语拼音首字母)或"KTZ"("可铁珠"三字汉语拼音首字母)后附最低抗拉强度值(MPa)和最小断后伸长率的百分数表示。例如,牌号KTH350-10,表示最小抗拉强度为350MPa、最小断后伸长率为10%的黑心可锻铸铁,即铁素体基体可锻铸铁;KTZ650-02表示最小抗拉强度为650MPa、最小断后伸长率为2%的珠光体基体可锻铸铁。

黑心可锻铸铁的强度、硬度低,塑性、韧性好,用于载荷不大、承受较高冲击、振动的零件。

珠光体基体可锻铸铁,因具有高的强度、硬度,可用于载荷较大、耐磨损并有一定韧性要求的重要零件。可锻铸铁的牌号、力学性能及用途举例见表 7-5。

常用可锻铸铁的牌号、力学性能及用途举例　　　　　　　　　　表 7-5

牌号	铸铁类别	最小抗拉强度（MPa）	最小断后伸长率（%）	用途举例
KTH300-06	黑心可锻铸铁	300	6	中低压阀门、管道配件等
KTH330-08		330	8	车轮壳、钢丝绳接头、犁刀等
KTH350-010		350	10	汽车差速器壳、前后轮壳、转向节壳、制动器、铁道零件等
KTH370-012		370	12	
KTZ450-06	珠光体可锻铸铁	450	6	适用于承受较高载荷、耐磨损且要求有一定韧性的重要零件,如曲轴、凸轮轴、连杆、齿轮、活塞环、摇臂、棘轮、扳手等
KTZ550-04		550	4	
KTZ650-02		650	2	
KTZ000-02		700	2	

小结

本项目主要介绍了铸铁的类型及灰铸铁、可锻铸铁、球墨铸铁和蠕墨铸铁的化学成分、组织、性能、牌号及应用,其分类与牌号表示方法见表 7-6。

铸铁的分类与牌号表示方法　　　　　　　　　　表 7-6

铸铁名称	石墨形态	基体组织	编号方法		牌号实例
灰铸铁	片状	F	HT + 一组数字;数字表示最小抗拉强度值,单位 MPa;"HT"为灰铸铁代号		HT100
		F + P			HT150
		P			HT200
可锻铸铁	团絮状	F	KTH + 两组数字	KTH、KTB、KTZ 分别为黑心、白心、珠光体可锻铸铁代号;第一组数字表示最小抗拉强度值,MPa;第二组数字表示最小断后伸长率值,%	KTH300-06
		表面 F、心部 P	KTB + 两组数字		KTB350-04
		P	KTZ + 两组数字		KTZ450-06
球墨铸铁	球状	F	QT + 两组数字;第一组数字表示最小抗拉强度值,MPa;第二组数字表示最小断后伸长率值,%;"QT"为球墨铸铁代号		QT400-15
		F + P			QT600-3
		P			QT700-2
蠕墨铸铁	蠕虫状	F	RuT + 一组数字;数字表示最小抗拉强度值,MPa;"RuT"为蠕墨铸铁代号		RuT260
		F + P			RuT300

 思考与练习

一、名词解释
灰铸铁,球墨铸铁,可锻铸铁,蠕墨铸铁,石墨化,孕育处理。

二、填空题
1. 按碳存在的形式,可将铸铁分为_____、_____和_____三类。
2. 按石墨形态和生产方式,可将铸铁分为_____、_____和_____及_____四类。
3. 灰铸铁中由于片状石墨的存在,相当_____,降低了基体_____,故使铸铁的抗拉强度、塑性和韧性有所降低。
4. 铸铁成分中的 C、Si、Mn、S、P 等元素,_____能强烈促进石墨化的元素。
5. 灰铸铁经孕育处理后,可使_____得到细化,使其_____有很大的提高。
6. 球墨铸铁是在浇注前往铁液中加入适量的_____和_____,以获得球状石墨。
7. 灰铸铁中的碳主要以_____形式存在,其断口呈_____色。
8. 可锻铸铁铸件的生产方法是先浇注成_____组织,然后再进行长时间的_____。
9. HT250 是_____材料,其中 250 表示_____。
10. KH300-06 是_____材料,其中 H 表示_____,300 表示_____,表示_____。

三、判断题
1. 石墨化是指铸铁中碳原子析出形成石墨的过程。( )
2. 可锻铸铁比灰铸铁的塑性好,可以进行锻造加工。( )
3. 厚铸铁件的表面硬度总比内部高。( )
4. 灰铸铁的强度、塑性和韧性远不如钢。( )
5. 热处理可以改变铸铁中的石墨形态。( )
6. 白口铸铁硬度适中,易于切削加工。( )
7. 铸铁中的石墨数量越多,尺寸越大,铸件的强度就越高,塑性、韧性就越好。( )
8. 球墨铸铁组织中的球状石墨圆整度越好、球径越小、分布越均匀,力学性能就越好。( )
9. 灰铸铁的减振性能比钢好。( )
10. 铸件越厚,冷却速度越快,越容易进行石墨化。( )

四、选择题
1. 灰铸铁的性能主要取决于( )。
   A. 碳的质量分数 B. 基体和石墨的形态 C. 硫、磷的含量
2. 球墨铸铁经( )可获得铁素体基体组织,经( )可获得珠光体基体组织,经( )可获得下贝氏体基体组织。
   A. 正火 B. 退火 C. 等温淬火
3. 选择下列零件的材料:机床床身( );汽车后桥外壳( );柴油机曲轴( )。
   A. HT200 B. KTH350-10 C. QT500-05
4. 铸铁中的碳以石墨形态析出的过程称为( )。
   A. 石墨化 B. 变质处理 C. 球化处理

5. 对铸铁进行热处理可以改变铸铁组织中的(　　)。
   A. 石墨形态　　　　　　　B. 基体组织　　　　　　　C. 石墨形态和基体组织
6. 灰铸铁的力学性能特点是(　　)。
   A. 抗拉怕压　　　　　　　B. 抗压怕拉
   C. 抗拉抗压　　　　　　　D. 怕拉怕压
7. 复杂形状铸铁件表面或薄壁处常易出现(　　)组织。
   A. 白口　　　　　　　　　B. 灰口　　　　　　　　　C. 麻口
8. 可锻铸铁只适合制造(　　)铸件。
   A. 薄壁　　　　　　　　　B. 厚壁　　　　　　　　　C. 薄、厚均可
9. 与钢相比,铸铁的工艺性能特点是(　　)。
   A. 焊接性好　　　　　　　B. 铸造性好　　　　　　　C. 热处理性能好
10. 在切削加工前为了稳定形状复杂的铸铁件的尺寸,防止变形,常安排(　　)。
    A. 表面淬火　　　　　　　B. 石墨化退火　　　　　　C. 去应力退火

五、简答题

1. 与钢相比,铸铁在成分、组织和性能上有什么主要区别?
2. 铸铁的化学成分和壁厚对石墨化有什么影响?
3. 如何理解铸铁的性能"来源于基体,受制于石墨"? 以石墨形态对灰铸铁和球墨铸铁力学性能的影响为例进行说明。
4. 为什么机器的支架、机床的床身一般采用灰铸铁铸造?
5. 为什么可锻铸铁适宜制造壁厚较薄的零件,而球墨铸铁却不宜制造壁厚较薄的零件?
6. 为什么球墨铸铁可以代替钢制造某些零件呢?"以铸代锻"有什么好处?
7. 识别下列铸铁牌号:
   HT150,HT300,KTH300-06,KTZ450-06,QT400-18,QT600-03,RuT300。

项目 8 非铁金属及其合金

知识目标
1. 掌握常用非铁金属及其合金的种类、牌号、成分特点、性能特点及应用范围;
2. 掌握铝合金固溶处理和时效强化的原理和工程意义。

技能目标
1. 能够正确辨识非铁金属及其合金;
2. 能够正确选用非铁金属及其合金;
3. 能够利用相关知识解决实际工程问题。

素养目标
1. 培养学生创新意识、创新思维和创新能力;
2. 培养学生良好的职业道德和社会责任感,遵守职业规范,增强环保意识、质量意识和安全意识。

概　　述

金属材料分为黑色金属和非铁金属(非铁金属也称为有色金属)两大类。黑色金属主要是指钢和铸铁,其余金属均称为非铁金属。非铁金属的种类很多,按其特点可分为轻金属铝(Al)、镁(Mg)等,重金属铜(Cu)、铅(Pb)、锡(Sn)等,稀有金属钨(W)、钼(Mo)等,贵金属金(Au)、银(Ag)、铂(Pt)等,以及放射性金属镭(Ra)、铀(U)等。非铁金属及其合金具有许多特殊的力学、物理和化学性能,具有比密度小、比强度高(强度与质量之比),导电性能和导热性能优良,熔点高等特点,已成为现代工业中不可缺少的重要工程材料。

非铁金属品种繁多,使用量少,在机械制造业中,仅占 4.5% 左右,但它们具有钢铁材料没有的许多特殊性能,因此在机械工业中是必不可少的,广泛地用于机械制造、航空、航海、化工、电气等部门。生产上常用的非铁金属有铝及铝合金、铜及铜合金、滑动轴承合金、硬质合金等。

任务 1　铝及铝合金

铝及铝合金是非铁金属中应用最广的一类金属材料,其产量仅次于钢铁材料,广泛用于电气、车辆、化工、航空等部门。

根据《变形铝及铝合金牌号表示方法》(GB/T 16474—2011)的规定,我国铝及变形铝合金牌号采用国际四位数字体系牌号和四位字符体系牌号两种命名方法。化学成分已在国际牌号注册组织中注册命名的铝及铝合金,直接采用四位数字体系牌号;国际牌号注册组织中未命名的,则按四位字符体系牌号命名。两种牌号命名方法的区别仅在第二位。牌号第一位数字表示铝及变形铝合金的组别,见表8-1;牌号第二位数字(国际四位数字体系)或字母(四位字符体系,除字母C、I、L、N、Q、P、Z外)表示原始纯铝或铝合金的改型情况,数字0或字母A表示原始合金,如果是1~9或B~Y中的一个,则表示对原始合金的改型情况;最后两位数字用以标识同一组中不同的铝合金,对于纯铝则表示铝的最低质量分数中小数点后面的两位数。

铝及铝合金的组别表示方法　　　　　　表8-1

牌号	组别
1×××	纯铝(铝质量分数大于99.00%)
2×××	以铜为主要合金元素的铝合金
3×××	以锰为主要合金元素的铝合金
4×××	以硅为主要合金元素的铝合金
5×××	以镁为主要合金元素的铝合金
6×××	以镁和硅为主要合金元素的铝合金
7×××	以锌为主要合金元素的铝合金
8×××	以其他元素为主要合金元素的铝合金
9×××	备用合金组

我国非铁金属产品的牌号或代号表示方法比较复杂,目前正逐步向国际标准化组织规定的方法靠拢。在新旧牌号命名方法的过渡时期,原国家标准中使用的牌号仍可继续使用。

 铝

铝的质量分数不低于99.00%时为纯铝。纯铝是一种银白色金属,具有面心立方晶格,无同素异构转变,塑性好($A=50\%$、$Z=80\%$),强度低($R_m=80\sim100$MPa),适于压力加工。纯铝的熔点为660℃,密度为2.7g/cm³。

铝和氧的亲和力较强,容易在其表面形成一层致密的Al_2O_3薄膜,能有效地防止金属的继续氧化,所以纯铝在大气中具有良好的耐腐蚀性。

纯铝的导电性、导热性好,仅次于银、铜、金。室温下铝的导电能力约为铜的62%,但按单位质量的导电能力计算,则为铜的200%。

纯铝不能用热处理的方法予以强化,冷变形是提高其强度的唯一手段。经冷变形强化后,纯铝的强度可以提高到150~200MPa,而断面收缩率则下降到50%~60%。

根据纯铝的特点,纯铝主要用于配制各种铝合金,代替铜制作电线或电缆,以及制作要求质轻、导热、耐大气腐蚀而强度不高的器具。

工业纯铝中的杂质为铁和硅,杂质的质量分数越多,铝的导电性、耐腐蚀性和塑性越低。工业纯铝的牌号、化学成分及用途举例见表8-2。

工业纯铝的牌号、化学成分及用途举例　　　　　表8-2

牌号	化学成分(%)		用途举例	旧牌号
	铝	杂质总量		
1070	99.70	0.30	电容、电子管隔离罩、电缆、导电体、装饰品等	L1
1060	99.60	0.40		L2
1050	99.50	0.50		L3
1035	99.35	0.65		L4
1200	99.00	1.00	电缆保护套管、仪表零件、垫片、装饰品等	L5

二 铝合金的分类及热处理

1 铝合金的分类

铝合金按其成分和加工方法又分为变形铝合金和铸造铝合金。变形铝合金是先将合金配料熔铸成坯锭,再进行塑性变形加工,通过轧制、挤压、拉伸、锻造等方法制成各种塑性加工制品。铸造铝合金是将配料熔炼后,用砂模、铁模、熔模和压铸法等直接铸成各种零部件的毛坯。

(1)变形铝合金。变形铝合金是以各种压力加工方法制成的管、棒、线、型等半成品铝合金。根据其用途又可分为防锈合金、硬铝、超硬铝、锻铝、特殊铝共五类。

常用的防锈铝合金中主要合金元素是锰和镁,加锰可提高其抗蚀能力,加镁使其强化并降低密度,其特点是耐腐蚀,抛光性好,可长时间保持光亮表面,强度比纯铝高,多用于制造与液体接触的零件、管道、日用品、装饰品等。硬铝又称杜拉铝,是铝、铜、镁合金,并含少量锰;铜、镁在铝中溶解度较大,有强化效应,锰使其耐蚀;硬铝根据其合金元素含量不同可分别制造铆钉、飞机的螺旋桨及飞机上的高强度零件。超硬铝是含有锌的硬铝,其硬度、强度均比硬铝高,不同品种的超硬铝用于制造各种结构零件、高载荷零件,是航空工业的重要材料之一。锻铝在一般状态下具有高的塑性,强度大,用来制造各种锻件或冲压件,如内燃机活塞等。特殊铝是在特定情况下使用的,组分不同,各有用途。

(2)铸造铝合金。铸造铝合金是用来直接浇铸各种形状的机械零件的铝合金。按加入的主要元素不同又可分为 Al-Si 系合金、Al-Zn 系合金、Al-Mg 系合金。每个系统各有牌号,较为复杂。

(3)区别。变形铝合金和铸造铝合金的根本差别可用铝基二元合金相图来说明,如图8-1所示。成分位于 D 点以左的合金属于变形铝合金,当加热到高于固溶线(FD)温度时,它可获得单相 α 固溶体,其塑性加工性能较好,适于冷、热压力加工。由于熔铸技术的发展,有些变形铝合金的成分已扩大到 F 点。成分在 D 点以右的合金属于铸造铝合金。由于其组织中含有低熔点共晶体,流动性好,可防止热裂现象,适于铸造成型。可见,铸造铝合金的成分含量比变形铝合金的高。铝合金又分为非热处理强化和可热处理强化两类。成分在 F 点以左的合金,其固溶体的成分不随温度的变化而变化,热处理时没有相的变化,不发生强化,称为非热处理强化合金;合金成分位于 FD 之间的合金,

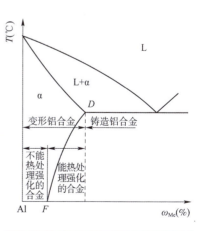

图8-1　铝基二元合金相图

其固溶体的成分随温度而改变，即热处理时有相的变化，因而发生强化，称为可热处理强化合金。

2 铝合金的热处理

铝合金的热处理机理与钢不同，当铝合金加热到α相区，经保温获得单相α固溶体后，在水中快速冷却，其强度和硬度并没有明显升高，而塑性却有所改善，这种热处理称为固溶处理。由于固溶处理后获得的过饱和α固溶体是不稳定的，如果在室温下放置一定的时间，这种过饱和α固溶体将逐渐向稳定状态转变，使强度和硬度明显升高，塑性下降。

固溶处理后铝合金的力学性能随时间而发生显著变化的现象，称为时效或时效强化。在室温下进行的时效称为自然时效；在加热条件下进行的时效称为人工时效。在自然时效的最初一段时间内，强度变化不大，这段时间称为孕育期。在孕育期内对固溶处理后的铝合金可进行冷加工。

铝合金的时效强化过程，实质上是固溶处理后所获得的过饱和固溶体分解并形成强化相的过程，这一过程必须通过原子扩散才能进行，因此，铝合金的时效强化效果与时间及温度有密切关系。如果人工时效的时间过长（或温度过高），反而会使合金软化，这种现象称为过时效。

三 常用变形铝合金

变形铝合金按其主要性能特点可分为防锈铝、硬铝、超硬铝和锻铝。一般都由冶金厂加工成各种规格的型材（板、带、管、线等）供应给用户。

1 防锈铝

防锈铝主要是指 Al-Mn 系、Al-Mg 系合金，属于不能热处理强化的变形铝合金，只能通过冷压力加工来提高其强度。这类铝合金具有良好的耐腐蚀性，并具有一定的强度和良好的塑性，主要用于制造各种高耐腐蚀性的薄板容器、防锈蒙皮及受力小、质轻、耐腐蚀的结构件。因此，其在飞机、车辆、制冷装置及日用器具中应用很广。

2 硬铝

硬铝主要是指 Al-Cu-Mg 系合金。这类铝合金经固溶和时效处理后能获得很高的强度，但硬铝的耐腐蚀性比纯铝差，更不耐海水的腐蚀，所以硬铝板材的表面常包覆一层纯铝，以提高其耐腐蚀性。硬铝主要用于制造中等强度的结构零件，如铆钉、螺栓及航空工业中的结构件。另外，在仪器制造中也有广泛的应用。

3 超硬铝

超硬铝主要是指 Al-Cu-Mg-Zn 系合金。这类铝合金是在硬铝的基础上再加入锌而形成的，经固溶和时效处理后，其强度超过了硬铝，是室温条件下强度最高的一类铝合金，但耐腐蚀性较差。超硬铝主要用于制造飞机上受力较大的结构件，如飞机大梁、桁架、起落架、螺旋桨叶片等。

4 锻铝

锻铝主要是指 Al-Cu-Mg-Si 系合金。这类铝合金的力学性能与硬铝相近。由于其热塑性较好，适于采用压力加工方法成型，所以可用于制造航空及仪表工业中形状复杂的零件。

常用变形铝合金的牌号、力学性能及用途举例见表 8-3。

常用变形铝合金的牌号、力学性能及用途举例　　　　　表8-3

类别	牌号	状态	抗拉强度（MPa）	伸长率(%)	用途举例	旧牌号
防锈铝	5A02	退火	≤245	12	油箱、油管、液压容器、饮料罐、焊接件、冷冲压件、防锈蒙皮等	LF2
防锈铝	3A21	退火	≤185	16		LF21
硬铝	2A11	退火	≤245	12	螺栓、铆钉、空气螺旋桨叶片等	LY11
硬铝	2A12	淬火+自然时效	390~440	10	飞机上骨架零件、翼梁、铆钉、蒙皮等	LY12
超硬铝	7A04	退火	≤245	10	飞机大梁、桁条、加强框、起落架等	LC4
锻铝	2A50	淬火+人工时效	353	12	压气机叶轮及叶片、内燃机活塞、在高温下工作的复杂锻件等	LD5
锻铝	2A70	淬火+人工时效	353	8		LD7

四 铸造铝合金

铸造铝合金同变形铝合金相比，合金元素的质量分数较高，具有良好的铸造性能，可进行各种成型铸造、生产形状复杂的零件。但塑性和韧性较差，不宜进行压力加工。按铸造铝合金中所加合金元素的不同，可分为 Al-Si 系、Al-Cu 系、Al-Mg 系、Al-Zn 系四类铸造铝合金。

铸造铝合金的代号用"铸铝"两字汉语拼音的首字母 ZL 与三位数字表示，第一位数字表示铸造铝合金的类别（1 代表 Al-Si 系；2 代表 Al-Cu 系；3 代表 Al-Mg 系；4 代表 Al-Zn 系），第二位与第三位数字表示合金的顺序号。例如，ZL102 表示 2 号 Al-Si 系铸造铝合金。铸造铝合金的牌号由铝和主要合金元素符号及其表示平均质量分数的数字组成，并在牌号的前面冠以"铸"字汉语拼音的首字母 Z。例如，ZAlSi12 表示 w_{Si} = 12% 的铸造铝合金。

1 铝硅合金

ZAlSi12 是典型的铸造用铝硅合金，其铸态组织为共晶体。力学性能较差（R_m = 130~140MPa，A = 1%~2%）。为此，可在浇注前向合金液中加入 2%~3% 的变质剂，进行变质处理。常用的变质剂为钠盐，可改善硅晶体的结晶条件，使之成为细小的颗粒状组织。变质处理后的组织为亚共晶组织，变质处理后力学性能得到了改善（R_m = 180MPa，A = 8%）。

铝硅系铸造铝合金可用于制造质轻、耐腐蚀、形状复杂及有一定力学性能要求的零件，如汽缸体、活塞、风扇叶片、仪表外壳等。

2 铝铜合金

铝铜系铸造铝合金强度较高，加入镍、锰可提高其耐热性能，用于制造高强度或高温条件下工作的零件，如内燃机汽缸、活塞等。ZAlCu5Mn 是典型的铸造用铝铜合金。

3 铝镁合金

铝镁系铸造铝合金具有良好的耐腐蚀性，适于制造在腐蚀介质条件下工作的零件，如泵体、船舰配件或在海水中工作的构件等。ZAlMg10 是典型的铸造用铝镁合金。

4 铝锌合金

铝锌系铸造铝合金具有较高的强度,价格便宜,适于制造医疗器械、仪表零件、飞机零件和日用品等。ZAlZn11Si7 是典型的铸造用铝锌合金。

常用铸造铝合金的牌号、代号、力学性能及用途举例见表8-4。

常用铸造铝合金的牌号、代号、力学性能及用途举例　　表8-4

牌号	代号	状态	抗拉强度（MPa）	伸长率（%）	硬度（HBS）	用途举例
ZAlSi7Mg	ZL101	金属型铸造、固溶 + 不完全人工时效	205	2	60	形状复杂的零件,如飞机及仪表零件、抽水机壳体等
ZAlSi12	ZL102	金属型铸造、铸态	155	2	50	工作温度在200℃以下的高气密性和低载荷零件,仪表、水泵壳体等
ZAlSi12Cu2Mg1	ZL108	金属型铸造、固溶 + 完全人工时效	255	—	90	要求高温强度及低膨胀系数的内燃机活塞、耐热件等
ZAlCu5Mn	ZL201	砂型铸造、固溶 + 自然时效	295	8	70	175～300℃以下工作的零件,如内燃机汽缸头、活塞等
ZAlMg10	ZL301	砂型铸造、固溶 + 自然时效	280	10	60	在大气或海水中工作的零件,承受大振动载荷、工作温度低于200℃的零件,如氨用泵体、船用配件等
ZAlZn11Si7	ZL401	金属型铸造、人工时效	245	1.5	90	工作温度低于200℃,形状复杂的汽车、飞机零件,仪器零件及日用品等

任务2　铜及铜合金

一　纯铜

纯铜呈玫瑰红色,表面氧化后呈紫色,故俗称紫铜。纯铜具有面心立方晶格,无同素异构转变,强度不高（R_m = 200～250MPa）、硬度较低（40～50HBS）,但塑性很好（A = 45%～50%）,适于压力加工。纯铜的熔点为1083℃,密度为8.9g/cm³。

纯铜的化学稳定性好,在大气、海水中具有良好的耐腐蚀性。纯铜无磁性转变,有很好的导电性和导热性。

纯铜不能用热处理的方法予以强化,只能借助于冷塑性变形来提高其强度,经冷变形强化后,纯铜的强度提高到400～500MPa,但会使其塑性显著降低（A = 5%）。

工业纯铜中的杂质主要是铅、铋、氧、硫、砷等,它们对铜的力学性能和工艺性能有很大的影响。工业纯铜很少用于制造机械零件,一般作为导电、导热、耐腐蚀材料使用。纯铜（加工产品）的牌号、化学成分及用途举例见表8-5。

纯铜的牌号、化学成分及用途举例　　　　　表 8-5

类别	代号	化学成分(%)		用途举例
		铜	杂质总量	
纯铜	T1	99.95	0.05	导电、导热、耐腐蚀器具材料,如电线、蒸发器、雷管、储藏器等
	T2	99.90	0.10	
	T3	99.70	0.30	
无氧铜	TU1	99.97	0.03	电真空器件、高导电性导线等
	TU2	99.95	0.05	

二、黄铜

黄铜是指以锌为主要合金元素的铜合金。黄铜既可按化学成分分为普通黄铜和特殊黄铜两类,又可按加工方法分为加工黄铜和铸造黄铜两类。

1. 普通黄铜

普通黄铜是指由铜和锌组成的二元合金。它又可分为单相黄铜和双相黄铜两类:当锌的质量分数小于 39% 时,锌能全部溶于铜中形成单相 α 固溶体,称为单相黄铜。单相黄铜具有良好的塑性,可进行冷、热压力加工,其显微组织如图 8-2 所示;当锌的质量分数超过 39% 时,组织中除 α 固溶体外,还出现了以电子化合物铜锌为基的 β′ 固溶体,称为双相黄铜。双相黄铜只适于热压力加工,其显微组织如图 8-3 所示。

图 8-2　单相黄铜显微组织

图 8-3　双相黄铜显微组织

锌的质量分数对黄铜力学性能的影响如图 8-4 所示。当锌的质量分数在 32% 以下时,随锌的质量分数增加,黄铜的强度和塑性不断提高;当锌的质量分数达到 32% 以后,由于在实际生产条件下,黄铜组织中已经出现了 β′ 相,所以塑性开始下降,但一定数量的 β′ 相可以起强化作用,因此强度继续升高;当锌的质量分数超过 45% 以后,黄铜组织全部为 β′ 相构成,β′ 固溶体在室温下硬脆性较大,所以黄铜的强度也开始急剧下降,这时的黄铜在生产中已无使用价值。

普通黄铜具有良好的耐腐蚀性,但锌的质量分数大于 7%(特别是大于 20%)并经冷加工后的黄铜,在大气中,特别是在含有氨气的气氛中,容易产生应力腐蚀破裂的现象,称为自裂。

普通黄铜的代号用"黄"字汉语拼音的首字母 H 与一组数字表示,数字为铜的质量分数的百分之几。例如,H70 表示 $\omega_{Cu}=70\%$、余量为锌的普通黄铜。

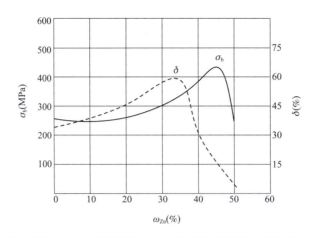

图 8-4 锌的质量分数对黄铜力学性能的影响

2 特殊黄铜

在普通黄铜的基础上再加入其他合金元素所组成的多元合金称为特殊黄铜。特殊黄铜的代号是在 H 之后标以除锌外的主要合金元素符号,并在其后标明铜及合金元素质量分数的百分之几。例如,HPb59-1 表示 ω_{Cu} = 59%、ω_{Pb} = 1%、余量为锌的铅黄铜。

铸造黄铜具有良好的铸造性能,其熔点较低,结晶温度范围较小,金属液的流动性好,铸件的偏析倾向小,组织致密。铸造黄铜的牌号由铜和主要合金元素的化学符号及表示主要合金元素质量分数的数字组成,并在牌号的前面冠以"铸"字汉语拼音的首字母 Z。例如,ZCuZn38 表示 w_{Zn} = 38%、余量为铜的铸造黄铜。

黄铜的代号(牌号)、力学性能及用途举例见表 8-6。

黄铜的代号(牌号)、力学性能及用途举例　　　　　表 8-6

类别	代号(牌号)	状态	抗拉强度(MPa)	伸长率(%)	硬度(HBS)	用途举例
普通黄铜	H90	退火	260	45	53	双金属片、冷凝管、散热管、艺术品、证章等
	H68		320	55	—	弹壳、波纹管、散热器外壳、冲压件等
	H62		330	49	56	螺钉、螺母、垫圈、弹簧、铆钉等
特殊黄铜	HPb59-1		400	45	44	螺钉、螺母、轴套等冲压件或加工件
	HSn90-1		280	45	—	弹性套管、船舶用零件等
	HAl59-3-2		380	50	75	船舶、电动机及其他在常温下工作的高强度、化学性能稳定的零件
	HMn58-2		400	40	85	船舶及弱电流用零件
铸造黄铜	(ZCuZn38)	砂型铸造	295	30	60	螺母、凸缘、手柄、阀体等
	(ZCuZn33Pb2)		180	12	50	仪器、仪表的壳体及构件等
	(ZCuZn40Mn2)		345	20	80	阀体、管道接头等在淡水、海水及蒸汽中工作的零件
	(ZCuZn25-Al6Fe3Mn3)		600	18	160	蜗轮、滑块、螺栓等

三、青铜

青铜是人类历史上使用最早的合金材料,因铜与锡的合金呈青黑色而得名。在现代工业中,青铜是指除黄铜、白铜(以镍为主要合金元素的铜合金)以外的铜合金。其中,以锡为主要合金元素的铜合金称为锡青铜,其他青铜称为特殊青铜或无锡青铜。

青铜的代号用"Q + 主要元素符号 + 数字"表示,Q 为"青"字汉语拼音的首字母,数字依次表示主要元素和其他元素质量分数的百分之几。例如,QSn4-3 表示 $\omega_{Sn} = 4\%$、$\omega_{Zn} = 3\%$、余量为铜的锡青铜。QAl5 表示 $\omega_{Al} = 5\%$、余量为铜的铝青铜。铸造青铜的牌号表示方法与铸造黄铜的牌号表示方法相同。

1 锡青铜

锡青铜是以锡为主要合金元素的铜合金,具有较高的强度、硬度和良好的耐腐蚀性。锡的质量分数对锡青铜组织和力学性能的影响如图 8-5 所示。工业用锡青铜中锡的质量分数一般为 3% ~ 14%。

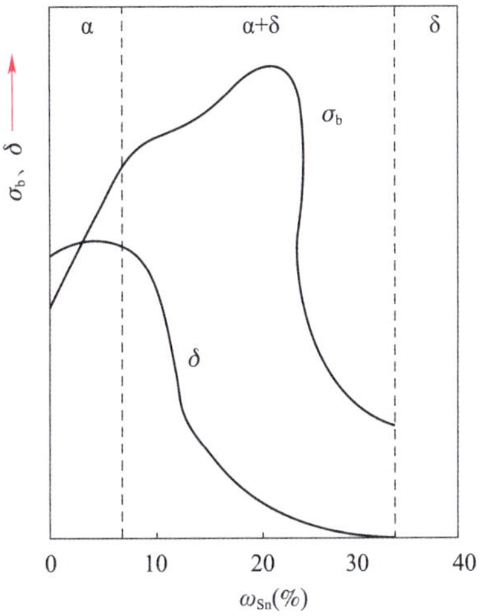

锡青铜具有良好的减磨性、抗磁性和低温韧性,耐腐蚀性比纯铜和黄铜好。加入磷、锌、铅等合金元素,可改善其耐磨性能、铸造性能及切削加工性能。

锡青铜在铸造时,铸件的组织不致密。但冷却凝固后体积收缩小。锡青铜可用于制造仪表上要求耐腐蚀及耐磨的零件、弹性零件、抗磁零件、机器中的轴承和轴套等。铸造锡青铜适于铸造形状复杂但致密性要求不高的铸件,如机床中的滑动轴承、蜗轮、齿轮、水管附件等。

图 8-5 锡的质量分数对锡青铜组织和力学性能的影响

2 铝青铜

铝青铜是以铝为主要合金元素的铜合金,其特点是价格便宜、色泽美观,具有比锡青铜和黄铜更高的强度、耐磨性能、耐腐蚀性能及铸造性能。其主要用于制造强度及耐磨性要求较高的摩擦零件,如齿轮、蜗轮、轴套等。

3 铍青铜

铍青铜是以铍为主要合金元素的铜合金。铍青铜不仅具有高的强度、硬度、弹性、耐磨性、耐腐蚀性和耐疲劳性,而且还具有高的导电性、导热性、耐寒性。铍青铜不具有铁磁性,受冲击时不产生火花。通过淬火和时效处理,铍青铜的抗拉强度可达 1400MPa,硬度可达 350 ~ 400HBS。铍青铜主要用于制造精密仪器、仪表中各种重要用途的弹性元件、耐腐蚀及耐磨零件、航海罗盘零件、防爆工具等。由于铍青铜价格昂贵,工艺复杂,因而在使用上受到限制。

4 硅青铜

硅青铜是以硅为主要合金元素的铜合金。硅青铜具有较高的力学性能和耐腐蚀性能,适于冷、热压力加工,主要用于制造耐腐蚀、耐磨零件或电线、电话线等。

青铜的代号(牌号)、力学性能及用途举例见表 8-7。

青铜的代号（牌号）、力学性能及用途举例　　　　　表 8-7

代号 （牌号）	状态	抗拉强度 （MPa）	伸长率 （%）	硬度 （HBS）	用途举例
QSn4-3	退火	350	40	60	弹性元件、管道配件、化工机械中的耐磨零件及抗磁零件等
QSn6.5-0.1		350~450	60~70	70~90	弹簧、接触片、振动片、精密仪器中的耐磨零件等
QAl7		470	3	70	重要用途的弹簧及其他弹性元件等
QAl9-4		550	4	110	轴承、蜗轮、螺母及在蒸汽、海水中工作的高强度、耐蚀零件等
QBe2		500	3	84	重要的弹性元件、耐磨零件及在高速、高压和高温下工作的轴承等
（ZCuSn10Pb1）	砂型铸造	200	3	80	重载荷、高速度的耐磨零件，如轴承、轴套、蜗轮等
（ZCuPb30）		—	—	—	高速双金属轴瓦等

任务 3　钛及钛合金

钛及钛合金是 20 世纪 50 年代出现的一种新型结构材料，由于钛具有密度小、强度高、耐高温、耐腐蚀、资源丰富等特点，因此，钛已成为航空、航天、化工、医疗卫生和国防等部门广泛使用的材料。

 钛

纯钛是银白色的金属，熔点为 1677℃，密度为 4.508g/cm³，热膨胀系数小。纯钛塑性好，强度低，容易加工成型，可制成细丝或薄片。

钛与氧、氮的亲和力较大，容易与氧、氮结合而形成一层致密的氧化物、氮化物薄膜，其稳定性很高。因此，钛具有良好的耐腐蚀性。在海水和蒸汽中的耐腐蚀能力比铝合金、不锈钢及镍合金还高。

钛具有同素异构转变现象，在 882℃ 以下为密排六方晶格，称为 α-Ti，在 882℃ 以上为体心立方晶格，称为 β-Ti。

工业纯钛的牌号用"TA + 顺序号"表示，如 TA2 表示 2 号工业纯钛。一般顺序号越大，杂质的质量分数越多。工业纯钛的牌号、力学性能及用途举例见表 8-8。

工业纯钛的牌号、力学性能及用途举例　　　　　表 8-8

牌号	抗拉强度 （MPa）	伸长率 （%）	断面收缩率 （%）	用途举例
TA1	343	25	50	在 350℃ 以下工作的受力较小的零件、冲压件、气阀、飞机骨架、发动机部件、柴油机活塞及连杆、耐海水腐蚀的阀门及管道、化工用热交换器及搅拌器等
TA2	441	20	40	
TA3	539	15	35	

二、钛合金

为了提高钛的强度和耐热性能,常加入铝、锆、钼、钒、锰、铬、铁等合金元素,以得到不同类型的钛合金。钛合金按其使用时组织状态的不同,可分为 α 型钛合金、β 型钛合金和(α + β)型钛合金三种。(α + β)型钛合金的强度、塑性和耐热性能较好,可以热处理强化,应用范围较广。

钛合金的牌号用"T + 合金类别代号 + 顺序号"表示,T 是"钛"字汉语拼音的首字母,合金类别代号分别用 A、B、C 来表示 α 型、β 型、(α + β)型钛合金。钛合金的牌号、力学性能及用途举例见表 8-9。

钛合金的牌号、力学性能及用途举例　　　　表 8-9

牌号	状态	抗拉强度(MPa)	伸长率(%)	用途举例
TA5	退火	686	15	用途与工业纯钛相近
TA6	退火	686	10	工作温度低于 500℃的零件,如飞机骨架及蒙皮、压气机壳体、叶片、焊接件和模锻件等
TA7		785	10	
TB2	淬火 + 时效	1373	7	工作温度低于 350℃的零件,如飞机构件、压气机叶片及轮盘等
TC1	退火	588	15	工作温度低于 400℃的冲压件和焊接件等
TC2		686	12	工作温度低于 500℃的焊接件和模锻件等
TC4		902	10	工作温度低于 400℃的零件,如容器、泵、坦克履带、舰艇耐压壳体、低温部件及锻件等
TC10		1059	12	工作温度低于 450℃的零件,如飞机零件及起落架、武器构件、导弹发动机外壳等

任务 4　硬质合金

随着现代工业的飞速发展,切削速度不断提高,因此,机械加工对工具材料提出了更高的要求。

一、粉末冶金工艺简介

硬质合金是以一种或几种难熔金属的碳化物[如碳化钨(WC)、碳化钛(TiC)等]粉末为主要成分,加入起黏结作用的金属钴(Co)粉末,经粉末冶金工艺方法处理后所获得的合金材料。粉末冶金是指用金属粉末或金属与非金属粉末的混合物作为原料,经压制成型后烧结,以获得金属零件和金属材料的一种工艺方法。粉末冶金的工艺过程一般包括制粉、筛分与混合、压制成型、烧结、后处理五个工序。

二、硬质合金的性能特点

硬质合金具有高硬度、高热硬性、高耐磨性的特点,硬质合金刀具的切削速度比高速工具钢高 4~10 倍,使用寿命可提高 5~8 倍。硬质合金的抗压强度高,但抗弯强度低,韧性较差。

另外,硬质合金具有良好的耐腐蚀性、抗氧化性、热膨胀系数低、导热性差、切削加工困难。因此,硬质合金主要用于制造刀具、冷作模具、量具及耐磨零件等。

三 常用硬质合金

(1)钨钴类硬质合金。钨钴类硬质合金的主要成分为碳化钨和钴,其牌号用"硬""钴"两字汉语拼音的首字母Y、G加数字表示,数字表示钴的质量分数。

(2)钨钴钛类硬质合金。钨钴钛类硬质合金的主要成分为碳化钨、碳化钛和钴,其牌号用"硬""钛"两字汉语拼音的首字母Y、T加数字表示,数字表示碳化钛的质量分数。钨钴类硬质合金刀具适合加工脆性材料(如铸铁等),而钨钴钛类硬质合金刀具适合加工韧性材料(如低碳钢等)。

(3)通用硬质合金。通用硬质合金是以碳化钽或碳化铌取代钨钴钛类硬质合金中的一部分碳化钛制成的。其特点是抗弯强度高,常用来加工不锈钢、耐热钢、高锰钢等难加工的金属材料。

常用硬质合金的牌号、化学成分及力学性能见表8-10。

常用硬质合金的牌号、化学成分及力学性能　　　　表8-10

类别	牌号	化学成分(%)				硬度 (HRA)	抗弯强度 (MPa)
		WC	TiC	TaC	Co		
钨钴类合金	YG3	97	—	—	3	91	1100
	YG6	94	—	—	6	89.5	1422
	YG8	92	—	—	8	89	1500
	YG15	85	—	—	15	87	2060
	YG20	80	—	—	20	85	2600
钨钴钛类合金	YT5	85	5	—	10	89.5	1373
	YT15	79	15	—	6	91	1150
	YT30	66	30	—	4	92.5	883
通用硬质合金	YW1	84~85	6	3~4	6	92	1230
	YW2	82~83	6	3~4	8	91.5	1470

小结

本项目主要介绍了机械工业中常见的非铁金属及其合金的分类、性能、用途,以及铝及其合金、铜及其合金、钛及其合金、轴承合金和硬质合金的性能特点及强化方法。

思考与练习

一、名词解释

固溶处理,时效强化,黄铜,青铜,α钛合金、硬质合金。

二、填空题

1. 铝合金按其成分及生产工艺特点,可分为_____和_____。
2. 变形铝合金按热处理性质可分为_____的铝合金和_____的铝合金两类。

3. 铝合金的时效方法可分为_____和_____两种。
4. 按其合金化系列,铜合金可分为_____、_____和_____三类。
5. 变形铝合金可分_____、_____、_____和_____四种。
6. H80是_____的一个牌号,其中80是指_____为80%,它是_____(单、双)相黄铜。
7. 钛有两种同素异构体,在882.5℃以下为_____,在882.5℃以上为_____。
8. 钛合金根据退火状态下的组织,可分_____、_____和_____三类。
9. 硬质合金由硬化相和_____两部分组成,其硬化相一般是难熔的_____。

三、选择题

1. 某一材料的牌号为T4,它属于( )。
   A. 碳的质量分数为0.4%的碳素工具钢   B. 4号工业纯铜
   C. 4号工业纯钛
2. 黄铜是( )合金。
   A. Cu-Ni   B. Cu-Sn   C. Cu-Zn   D. Cu-Al
3. 防锈铝是( )合金,硬铝是( )合金,超硬铝是( )合金,锻铝是( )合金。
   A. Al-Mn 和 Al-Mg   B. Al-Cu-Mg
   C. Al-Zn-Mg-Cu   D. Al-Mg-Si-Cu 和 Al-Cu-Mg-Ni-Fe
4. 下列非铁金属中在固态下能发生同素异构转变的是( )。
   A. 铝   B. 铜   C. 钛   D. 镁
5. 下列牌号中是钛合金的是( )。
   A. YT15   B. YG3   C. TC4   D. T4
6. Al-Si铸造铝合金变质处理的目的是( )。
   A. 细化组织   B. 改变晶体结构   C. 改善冶炼质量,减少杂质
7. 铝合金固溶处理后,硬度( )。
   A. 变化不明显   B. 降低   C. 提高
8. YT类硬质合金刀具常用于切削( )材料。
   A. 铸铁   B. 钢件   C. 非铁金属
9. 下列选项不是钛合金的性能特点的是( )。
   A. 比强度高   B. 耐蚀性好   C. 耐低温性能好   D. 可加工性好
10. 下列牌号中是青铜的是( )。
    A. H68   B. QSn4-3   C. Q345R   D. QT500-7

四、判断题

1. 黄铜中锌含量越高,其强度也越高。( )
2. 变形铝合金都不能通过热处理强化。( )
3. 锡的质量分数大于10%的锡青铜塑性差,只适宜铸造。( )
4. 普通黄铜中锌的质量分数一般不超过45%。( )
5. 特殊黄铜是不含锌元素的黄铜。( )
6. 硬质合金中碳化物的含量越高,钴含量越低,则硬度和韧性越高。( )
7. 镁合金最常用的铸造方法是砂型铸造。( )
8. 除黄铜、白铜外,其他铜合金统称为青铜。( )

9. 用硬质合金制作刀具,其耐磨性和热硬性比高速工具钢刀具好。（   ）

五、简答题

1. 铝合金在性能上有何特点？为什么其在工业上能得到广泛的应用？
2. 何谓硅铝明合金？为什么在浇注之前要对其进行变质处理？
3. 何谓时效强化？铝合金的淬火和钢的淬火有什么不同？
4. 硬铝、防锈铝、超硬铝、锻铝的牌号、成分、性能和用途是什么？
5. 铜合金的性能有何特点？在工业上的主要用途是什么？
6. 为什么工业用锡青铜中锡的质量分数一般不超过14%？
7. 钛合金有哪些优良特性？
8. 认识下列非铁金属及其合金的牌号：

3A21、2A11、7A04、ZL102、T2、H90、H62、HPb59-1、QSn10、QPb30、QAl7、ZSnSb11Cu6、ZPbSb16Sn16Cu2。

参 考 文 献

[1] 陈虹. 汽车材料[M]. 北京:人民交通出版社股份有限公司,2017.
[2] 李炜新. 金属材料与热处理[M]. 北京:机械工业出版社,2019.
[3] 王学武. 金属材料与热处理[M]. 北京:机械工业出版社,2016.
[4] 杨素华,唐秀兰. 金属材料与热处理[M]. 西安:西北工业大学出版社,2014.
[5] 王贵斗. 金属材料与热处理[M]. 2版. 北京:机械工业出版社,2015.
[6] 安会芬. 金属材料与热处理[M]. 北京:机械工业出版社,2014.
[7] 邹玉清,宋佳妮. 汽车材料[M]. 北京:北京理工大学出版社,2015.
[8] 王晓丽. 金属材料与热处理[M]. 北京:机械工业出版社,2015.